ZHIWU
JINHUA LICHENG
植物进化历程

本书编写组◎编

U0302016

世界图书出版公司
广州·北京·上海·西安

图书在版编目（CIP）数据

植物进化历程／《植物进化历程》编写组编著．—

广州：广东世界图书出版公司，2009．12 （2024.2 重印）

ISBN 978－7－5100－1563－2

Ⅰ.①植… Ⅱ.①植… Ⅲ.①植物－进化－青少年读

物 Ⅳ.①Q941－49

中国版本图书馆 CIP 数据核字（2009）第 237605 号

书 名	植物进化历程
	ZHIWU JINHUA LICHENG
编 者	《植物进化历程》编写组
责任编辑	余坤泽
装帧设计	三棵树设计工作组
出版发行	世界图书出版有限公司 世界图书出版广东有限公司
地 址	广州市海珠区新港西路大江冲 25 号
邮 编	510300
电 话	020-84452179
网 址	http://www.gdst.com.cn
邮 箱	wpc_gdst@163.com
经 销	新华书店
印 刷	唐山富达印务有限公司
开 本	787mm×1092mm 1/16
印 张	10
字 数	120 千字
版 次	2009 年 12 月第 1 版 2024 年 2 月第 11 次印刷
国际书号	ISBN 978-7-5100-1563-2
定 价	48.00 元

前 言
PREFACE

    我们生活的地球，到处都有生物足迹，万物展现着生命的活力。那么，今日地球上形形色色的生物又如何产生的呢？生命在地球上是怎样开始的呢？

    多少世纪，生命起源这个诱人的问题始终吸引着人们去探索、去研究。人们研究了过去居住在地球上那些动物和植物残余的化石，证明了生物一直在演变和进化。

    地球上最早的生物和现在的生物完全不一样，年代越是久远，那个时代的生物就越低级，越简单。

    经过研究发现，海洋是生命的摇篮。海洋中最早出现的植物是蓝藻和细菌，它们也是地球是早期出现的生物。它们在结构上比蛋白质团要完善得多，但是和现在最简单的生物相比却要简单得多，它们没有细胞的结构，连细胞核也没有，被称为原核生物，在古老的地层中还可以找到它们的残余化石。

    地球上出现的蓝藻，数量极多，繁殖快，在新陈代谢中能把氧气放出来。它的出现在改造大气成分上做出了惊人的成绩。在生物进化过程中，逐渐产生能自己利用太阳光和无机物制造有机物质的生物，并且出现了细胞核，如红藻，绿藻等新类型。藻类在地球上曾有过几万个世纪的全盛时代，继而它们的组织逐渐复杂起来，达到了更完善的程度。

    地球上最早的陆生植物化石出现在晚志留纪至早泥盆纪的陆相沉积物中，表明距今4亿年前植物已由海洋推向大陆，实现了登陆的伟大历史进程。

    植物的登陆，改变了以往大陆一片荒漠的景观，使大陆逐渐披上绿装而富有生机。

不仅如此，陆生植物的出现与进化发展，完善了全球生态体系。陆生植物具有更强的生产能力，它不仅以海生藻类无法比拟的生产力制造出糖类，而且在光合作用过程中大量吸收大气中的二氧化碳，排放出大量的游离氧，从而改善了大气圈的成分比，为提高大气中游离氧量作出了重大贡献。随后，蕨类植物、裸子植物、被子植物先后登上地球这个大舞台。

因此，植物登陆是地球发展史上的一个伟大事件，甚至可以说，如果没有植物的登陆成功，便没有今日的世界。

随着地球上自然地理环境的变迁，植物界自身在不断的矛盾中运动和发展着。在一定的地质时期中占支配地位的类型，其优势在发展过程中被较为进化的另一类植物所取代，这时植物界就发生了质的变化，进入了一个新的发展阶段。一些类群的自然绝灭常伴随着新类群的形成，植物界的发展过程就是这样从低级向高级、从简单到复杂不断地变化。

今天，在海洋、湖沼、南北极、温带、热带、酷热的荒漠、寒冷的高山等不同的生活环境中，我们到处都可以遇到各种不同的植物，它们的外部形态和内部构造以及颜色、习性、繁殖能力等都是极不同的。所有这些都表明植物对环境的适应具有多样性，因而形成了形形色色的不同种类的植物。

目 录

Contents

海洋中的植物：藻类

HAIYANG ZHONG DE ZHIWU ZAOLEI

　　藻类是原生生物界一类真核生物，主要是水生，无维管束，能进行光合作用。体型大小各异，小至长1微米的单细胞的鞭毛藻，大至长达60米的大型褐藻。

　　原始藻类植物，如蓝藻类具有光系统，通过光合作用产生了氧。其释放出来的氧气逐渐改变了大气性质，使整个生物界朝着能量利用效率更高的喜氧生物方向发展。这个方向的进一步发展就产生了具有真核的红藻类。藻类植物的第二个发展方向是在海洋里产生含叶绿素，进一步解决了更有效地利用光能的问题。藻类植物的第三发展方向是在海洋较浅处产生绿色植物，这是藻类植物进化的主流。它们不但已产生了叶绿体，而且已经有了比较其他藻类更加进步的光合器，即具有基粒的叶绿体。就是这类植物终于登陆，进一步演化为苔藓植物、蕨类植物及种子植物。

最简单的藻类：蓝藻

我们不得不承认，数十亿年前选择了光能作为能量来源的生物无疑是"明智"的。从科学的角度来看，光能比较活跃，不需太过苛刻的条件就能加以利用。同时，由于光能的覆盖面几乎能够达到地球的每个角落，因此依靠光能生活的生命体就不会像嗜热菌之类的生物一样被局限在诸如火山口、地热泉之类的特定环境生存。最重要的是，稳定且数量庞大的光能能够为一个族群长期的繁衍和进化提供源源不断的动力，而不会因为能源的枯竭导致种群的灭绝。

让我们来看一看当年光合作用"发明者"的后裔吧。

蓝藻也叫蓝绿藻，属于藻类中的蓝藻门，它是藻类植物中最简单、低级的一门，在世界各地都能找到这种或丝状或串珠形或球状的生物，其中球状体和串珠形属于蓝藻门中的色球藻目，串珠形的外表不过是因为大量球状的色球藻生活在一起，而丝状的个体则是蓝藻门的藻殖段目生物。

除蓝藻门之外，藻类中的其他4门细菌也都能进行光合作用。而且每一门都有各自不同的基因用来控制生产光合色素从而进行光合作用。然而只有蓝藻拥有全部100种基因，并且其中许多是蓝藻独有的。这意味着蓝藻"继承"了祖先遗留下来的大多数光合作用基因。它应该是跟最早进行光合作用的生物体是比较接近的。从研究人员发掘出的34亿年前的化石来看，最早进化出光合能力的生物外形与今天我们在显微镜下看到的蓝藻非常相似——这为蓝藻作为最早开始光合作用生物体的后裔提供了理论上的证据。原始蓝藻在能够利用光能之

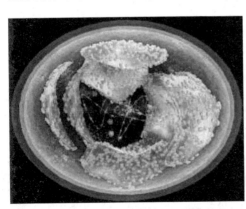

蓝 藻

后，便有了取之不竭的能量来源，从而具备了巨大的进化优势，在光合细菌中占据了主导地位。

感谢蓝藻的祖先，在它演化出光合作用能力之后，地球逐渐开始向今天这个欣欣向荣的模式发展。

蓝藻大约出现在距今35亿年前，现在已知约1500多种，地域分布十分广泛，遍及各种地理环境，但主要还是生长于淡水水域。有少数种类可生活在60℃~85℃

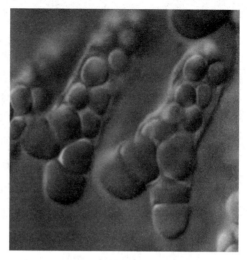

显微镜下的蓝藻菌

的高温水域中，有些种类则可以和真菌、苔藓、蕨类和裸子植物等较为高等的植物共生。有不少蓝藻可以直接固定大气中的氮，这样一来，土壤中的养分可以被极大丰富，有利于作物的增产；有的蓝藻还成为了人们的食品，如著名的发菜和普通念珠藻（地木耳）等，它们就属于蓝藻门中的不同品种。

但在一些营养丰富的水体中，有些蓝藻常于夏季大量繁殖，并在水面形成一层蓝绿色而有腥臭味的浮沫，这就是环境杀手——水华。更为可怕的是有些种类还会产生一些毒素破坏水质，对鱼类等水生动物，以及人、畜均有很大危害，严重时还会造成鱼类的大量死亡。

化　石

化石是存留在岩石中的古生物遗体或遗迹，最常见的是骸骨和贝壳等。研究化石可以了解生物的演化并能帮助确定地层的年代。保存在地壳的岩石中的古动物或古植物的遗体或表明有遗体存在的证据都谓之化石。

叶绿体的出现

　　蓝藻在进化出光合作用能力之后，开始制造氧气，并且在身体中积累了光合作用的"副产品"——碳水化合物。对于许多靠摄取外部营养生存的生物来说，碳水化合物无疑是一种"美味佳肴"。于是乎，一大批"捕食者"开始了疯狂的"碳水化合物探寻之旅"。最原始的生物并没有牙齿，它们进食的方式就是一口把猎物吞进肚子里，然后再慢慢地通过体内的一些类似于"胃液"的东西把它消化掉。这与蛇的进食方式非常相似，蛇虽然有牙齿，但它们牙齿的作用并不是把猎物嚼碎，而仅仅是向猎物体内注射毒液以制服猎物用的。

显微镜下的藻类叶绿体

　　这些"吞噬者"把蓝藻吞到肚中后，本来准备慢慢享用这顿美餐，谁知蓝藻不但没有死，反而在这些"吞噬者"的肚子里安了家。蓝藻在它们的体内继续勤勤勉勉地进行着光合作用，而产出的碳水化合物也理所当然地被那些"吞噬者"享用起来；同时，蓝藻也在"吞噬者"肚中就地取材，繁衍着后代。一个"和谐"的循环就这么诞生了，人们给这种生物间互惠互助的行为起了个学名，叫做"共生"。

　　然而，"吞噬者"和"被吞噬者"并不"满足于"这种简单的"共生"，随着进化的不断深入，"被吞噬者"干脆将自己的下一代"顺便"放到"吞噬者"的后代中。如此一来，当"吞噬者"在繁殖后代的时候，"被吞噬者"的后代也就顺势进入"吞噬者"的子孙体内了。这样，二者就形成了"生生世世永不分离"的关系。于是，"吞噬者"的后代身体里就有了一个能够进行光合作用的"新器官"，而这个"新器官"也就是今天我们所熟知的"叶绿体"。

最早具有叶绿体的生物就是现在我们看到的藻类植物了，通常意义上认为那些具有了叶绿体这种器官的古老生物是由于在原始时代一些体型较大的生物将蓝藻吞噬之后才形成的，而这些具有了叶绿体的藻类也可以被认为是现代高等植物的雏形，只是在身体的结构上非常原始而已。

藻类在形态、构造上面有相当大的差别，例如小球藻，其外形呈圆球状，仅仅由一个细胞构成，直径也只有几微米；相比之下，生活在海洋里的巨藻，结构十分复杂，体长 70 ~ 80 米，最长可以达到 200 米以上。然而，尽管藻类植物个体的结构繁简不一，大小悬殊，但多数都没有真正完成根、

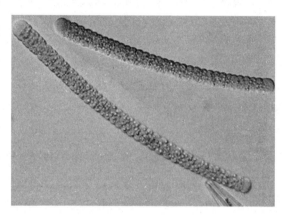

丝状蓝藻

茎、叶的分化。有些大型藻类，如海产的海带、淡水的轮藻，在外形上虽然也可以把它分为根、茎、叶三部分，但体内并没有高等植物用来运输养料的"管道"——维管系统，所以都不是真正的根、茎、叶，因此，藻类并不能被归为高等植物。然而叶绿体已经在其中产生，只需要再进化出其他一些功能和器官便可以成为高等植物了。

生活在今天地球上的动物以及相当庞大数量的微生物均在进行着"呼吸作用"生存着，而"呼吸作用"必备的两个条件——氧和碳水化合物，则是由"光合作用者"负责制造。这些"光合作用者"是生命生存的基础，几乎提供了这个世界上生物所需的全部能量。我们今天所吃的粮食、水果、蔬菜等，都是来自"光合作用者"，甚至我们吃的肉类、蛋类也都是来自被"光合

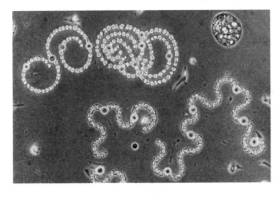

球状蓝藻

作用者"养活的生物。因此，这些"光合作用者"被我们称为"初级生产者"。

藻类植物是地球上最重要的"初级生产者"，它们进行着光合作用，其生产碳水化合物的总量约为高等植物的 7 倍，同时，一些有固氮能力的藻类（和固氮细菌）每年能固定约 1.7 亿吨氮，成为影响土壤肥力的重要因素之一。因此，藻类不仅是生物体最重要的食物源，而且其在光合作用中释放出的氧也是大气中氧的重要来源之一。它们对自然生态系统的物质循环及环境质量有着深刻的影响。

藻类广泛地分布在海洋和各种内陆水体（包括湖泊、水库、江河、溪水、沼泽、池塘、泉水、冰雪等）以及潮湿地表中。生长在内陆淡水水体中的为淡水藻；分布于海洋和内陆咸水水体中的为咸水藻，包括原核生物中的蓝藻门，原生生物的硅藻门、甲藻门、金藻门、黄藻门、隐藻门、裸藻门，以及属于植物界的红藻门、褐藻门、绿藻门和轮藻门。除蓝藻门外，其他各门的藻类已经普遍具有了叶绿体，具有叶绿体意味着植物能更加高效地利用光能，是高等植物具备的特点之一。

碳水化合物

碳水化合物亦称糖类化合物，是自然界存在最多、分布最广的一类重要的有机化合物，主要由碳、氢、氧所组成。葡萄糖、蔗糖、淀粉和纤维素等都属于糖类化合物。

古老的珊瑚藻

在 20 世纪 60 年代，一批中国科考工作者在珠穆朗玛峰地区进行实地考察。当他们进行发掘地层、研究地理情况的工作时，偶然发现了一种名叫小石孔藻的珊瑚藻化石。

奇怪的是，这种只能生长在热带或亚热带海域中的藻类生物，为什么会出现在珠峰上呢？

难道说在数亿年前的热带或亚热带地区就已经存在了珊瑚藻？同时热爱海藻装饰、旅游以及登山这三项活动的智慧生物，而且无巧不巧地把它的"珊瑚藻项链"遗失在了珠峰上？

经过科学家们的研究论证认为，现在的珠峰地区曾经是一片汪洋，气候湿润，小鱼海里游，花草水边长，生机勃勃。然而后来印度洋板块向这里漂来，发生碰撞，就撞出了包括珠穆朗玛峰在内的喜马拉雅山脉，并且他们认为世界许多高大的山脉都是因为板块间的碰撞产生的。

珊瑚藻按照生物分类学的划分来讲是属于红藻中珊瑚藻科，大多生活在温暖的海洋中。藻体短小且丛生，底端一般都是固定在鹿角珊瑚礁上或浅海的岩穴内。它们的形状也同珊瑚虫相似，于是这些曾经被冷落在人类视野之外的生物也就摇身一变，被笼统地当做"珊瑚虫"对待。就连 18 世纪的生物分类学家林奈也信誓旦旦地说珊瑚完全是由动物形成的，依据是珊瑚藻的体内充满了钙质。尽管钙化的植物很少见到，但区别动物和植物的分界线不全在钙质，而主要在于植物体内具有叶绿素，能够依靠光合作用生活，不像动物靠吞食别的

珊瑚藻繁殖力很强

生物为生。

珊瑚藻的分枝数次重复分叉，外形呈现为羽状；枝扁平，有明显的分节，同时因为体内含钙质较多，所以粗糙而坚硬。

珊瑚藻在我国青岛、舟山等地都有分布。值得注意的是当它们出现在高山、陆地时，则意味着它们已停止了生命，成了化石。同时会失去色彩，完全变成了一块石头。只有在海洋里，才会出现这样的奇迹：有些活着的"石头"能在海水里生长、繁殖、死亡，走完生命过程的每一环节。

珊瑚藻除了具有进行光合作用的叶绿素外，还有红藻的藻红素，这样，它们就因为体内所含的色素不同，而呈现出绿、红、紫等美丽的颜色。因此，它们应该是属于低等植物的藻类。珊瑚藻是属于真红藻亚纲隐丝藻目中最丰富、种类最多的一个科，叫"珊瑚藻科"。

珊瑚藻大多生活在海洋中

在热带、亚热带海域，珊瑚藻或同珊瑚虫协作，或者独立地建造起珊瑚礁。特别是皮壳状的珊瑚藻，它们从南沙群岛到西沙群岛，从马绍尔群岛到所罗门群岛，建造起了壮观的"海藻脊"。珊瑚藻喜欢在波涛汹涌的礁缘上生长，在海面时隐时现，不断繁殖，扩展自己的藻体。

珊瑚藻对人体的功用研究得并不多。《本草纲目》中记述了一种叫做"海浮石"的植物，它们是由岩石、珊瑚虫体、还有一部分珊瑚藻组成。书中说它有止咳、清心降火、消积块、化老痰、清瘤瘿结核疝气、下气、消疮肿等功效。山东黄县桑岛产的"海浮石"就属于皮壳状珊瑚藻，主要是石枝藻属一类。年产量仅有5000多千克，十分珍贵。

珊瑚藻的钙化藻体不像那些非钙化的藻类被地质变化消灭得无影无踪，

而能够在漫长的地质年代变迁中保存着自己的面目——化石，具有生物学和地质学研究的价值。它对于开发石油资源，发现大型海相碳酸盐型油田有重大的意义。

 知识点

板　块

板块是板块构造学说所提出来的概念。板块构造学说认为，岩石圈并非整体一块，而是分裂成许多块，这些大块岩石称为板块。板块之中还有次一级的小板块。1968 年法国的勒皮雄根据各方面的资料，首先将全球岩石圈分为六大板块：太平洋板块、欧亚板块、印度洋板块、非洲板块、美洲板块和南极洲板块。

▌▌甲　藻

在一些海域，每到夜晚人们便会经常看到一片片乳白色或蓝绿色的"火光"，一些迷信的人们认为这是"海妖"奉了"龙王"的指示前来讨命的，于是乎连忙设祭祷告……

实际上，这些"火光"是由于大量会发光的浮游生物紧密地聚集在一起而引起的，常在这些区域的渔民们把这种生物光叫做"海火"。发光的海洋植物，主要是一类叫做"甲藻"的生物，虽然甲藻体形很小，只有借助显微镜才能看到它们的真身，但是如果数量巨大、又集群地生活在一起时，它们就能够发出十分明亮的光来。

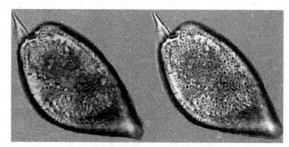

电子显微镜下的甲藻

藻类生态结构图

"海火"主要就是由这些会发光的甲藻引起的。

生物发光的现象其实早已引起古人的注意，并被积极地应用到了生产实践中。《古今秘苑》中就曾记载：渔民们把羊膀胱揉薄吹胀，装入大量的萤火虫，沉入水下，以吸引鱼虾，然后聚而捕之。这就是我国古代利用生物光捕鱼的新技术。"海火"还是渔民寻找鱼群的重要线索，在发生强烈的"海火"的地方必然浮游生物密集，那里往往有较大的鱼群出没。甚至在军事上也记载过根据敌舰在夜航时扬起的"海火"发现和跟踪敌人，而后大破敌军的战例。

甲藻门生物体在全世界约有 130 属，1000 多种。多数为海产种类，少数产于淡水及半咸水水体中。中国常见的淡水种类有 4 个属 15 种，少数采取共生或寄生的生活方式。甲藻门生物多分布于温暖水域中，而在寒冷水域中能够存活的较少。该门生物中在海洋生活的物体种类的形态变化较大，但是仍然具有一些共性：植物体除少数为丝状或球状类型外，大多数为具有鞭毛的单细胞游动种类。其中纵裂甲藻纲的细胞壁由 2 片组成，横裂甲藻纲由横沟（或称腰带）把细胞分成上、下两部分，分别称为上锥部和下锥部。壳体或为整块，但多数是由若干多角形的板片组成，板片的数目和排列方式是分类的主要依据，在细胞腹面具有与横沟垂直而向后端延伸的纵沟。甲藻门生物的鞭毛多为 2 条，多为顶生或从横沟与纵沟相交处各自的鞭毛孔伸出。横鞭毛呈带状，环绕在横沟内；纵鞭毛呈线状，沿纵沟向后伸出。

赤潮其实是伴随着浮游生物的骤然大量增殖而直接或间接发生的现象。

实际上，水面变色的情况甚多，如厄水（海水变绿褐色）、苦潮（赤潮，海水变赤色）、青潮（海水变蓝色）及淡水中的水华等。构成赤潮的浮游生物种类很多，但其中甲藻属于优势种类。近年来，随着城市和工业废水的增加而出现了富营养化，在很多海域都有赤潮频发。

渔民们常说"赤潮过处，鱼虾难留"，那是因为甲藻门生物会分泌出毒素，当鱼、贝类处于有毒赤潮区域内，摄食这些有毒生物，虽不能被毒死，但生物毒素可在体内积累，其含量大大超过其耐受的水平。这些鱼虾、贝类如果

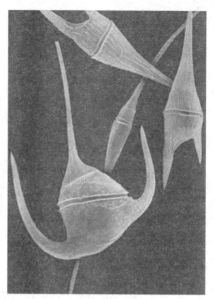

构成赤潮的浮游生物

不慎被人食用，就会引起人体中毒，严重时可导致死亡。

由赤潮引发的赤潮毒素统称"贝毒"，目前确定有10余种贝毒其毒性比眼镜蛇毒素高80倍，比一般的麻醉剂，如普鲁卡因、可卡因还强10万多倍。贝毒中毒症状为：初期唇舌麻木，发展到四肢麻木，并伴有头晕、恶心、胸闷、站立不稳、腹痛、呕吐等，严重者出现昏迷、呼吸困难。据统计，全世界因赤潮素的贝类中毒事件约300多起，死亡300多人。

浮游生物

浮游生物是指在海洋、湖泊及河川等水域的生物中，自身完全没有移动能力，或者有也非常弱，因而不能逆水流而动，而是浮在水面生活，这类生物的总称。这是根据其生活方式的类型而划定的一种生态群，而不是生物种的划分概念。

眼虫藻：动物？植物？

假如眼虫藻永远沉浸在模棱两可的状态中"自得其乐"，同时只热衷于划动它们的鞭毛盲目地四处游荡，那么就不会有我们今天这个五彩缤纷的世界了。当然，也就不会有我们人类了。好在事情并非如此。

突然把眼虫藻和我们人类的命运联系到了一起好像是有点突兀。那么，让我们将目光投向海洋吧，最原始的生命在这里产生、演化，逐渐地海洋里出现了最早的原始单细胞生物。其中有一种小东西叫"眼虫藻"，也叫"眼虫"。眼虫藻生活在淡水中，池塘、水沟和流速缓慢的溪水里。在温暖季节，它们常常会大量繁殖，使水呈现出一片绿色。

眼虫藻，亦称"裸藻"。属于眼虫藻门眼虫藻科。眼虫藻身体微小，体长仅有约 60 微米，人们必须凭借显微镜才能看到它的真面目。眼虫藻的身体由 1 个细胞组成，形状像个织布的梭子。它的体表没有细胞壁，由细胞的质膜直接与外界接触。身体前端有一个胞口，从胞口中伸出一条鞭毛，鞭毛是一种运动胞器，眼虫藻主要依靠鞭毛的摆动在水中自由运动。胞口下方连接胞咽，胞咽末端膨大成储蓄胞，储蓄胞周围有伸缩泡，储蓄胞和伸缩泡能收集和排出细胞中多余水分和代谢废物。在细胞质中分散着大量卵圆形的叶绿体。叶绿体是眼虫藻进行光合作用、制造有机养料的场所。在靠近胞咽处还生有一个红色眼点，眼点是一种感觉胞器，眼虫藻用它感受光线的刺激，趋向适宜的光线，以利于光合作用的进行。

眼虫藻既有动物特征，又有植物特征。我们知道，动植物细胞在结构方面，主要区别有三点：植物细胞有细胞壁、液泡和质体（质体包含叶绿体、白

显微镜下的眼虫藻

色体和杂色体），而动物细胞则没有这三种结构。

眼虫藻的细胞中有质体，但没有细胞壁和液泡。在身体的其他结构方面，眼虫藻有储蓄胞和伸缩泡，而这两种结构只在原生动物细胞中存在，植物细胞中从没发现过。不仅眼虫藻的身体结构具有两重性，它的营养方式也同样具有动植物两方面的特征。

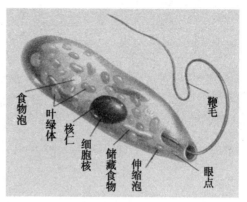

眼虫藻结构示意图

一方面，它依靠自己体内的叶绿体，进行光合作用，制造有机养料；另一方面，它又依靠自己身体的渗透作用，直接从水中吸收现成的有机物质，而且它还用胞口和胞咽，吞吃周围环境中的颗粒状有机物。不言而喻，前一种营养方式是植物的营养方式，而后一种则属于动物的营养方式。

眼虫藻的这些两重性的特点，在历史上曾引起了植物学家和动物学家的争论，植物学家根据眼虫藻具有叶绿体，并能进行光合作用而坚持认为它是植物，并根据它没有细胞壁，原生质裸露的特点，将它命名为"裸藻"；动物学家则根据其无细胞壁和液泡，具有胞口、胞咽、储蓄胞、伸缩泡等结构，而具有动物性营养方式而认定它是动物，并根据其具有眼点的特点，将之命名为"眼虫"。双方各持己见，使眼虫（或称眼虫藻）成了"脚踩两只船"

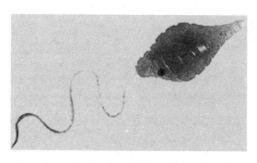

眼虫藻曾引起学术界的争论

的生物，出现了动物学和植物学都有关于它的专门论述的奇特现象。

根据达尔文的进化论解释，现今地球上 200 万种动植物，都是由一种或几种原始生物经过长期演化逐渐形成的，在动、植物当中，有相当多的种类在形态和

结构上存在着"狮身人面"现象，也就是说身兼两种生物的特性。因此，在植物界和动物界之间，一定存在着既像植物又像动物的一类生物，眼虫藻的存在，正是证明了植物同动物之间那维系了亿万年的联系。

细　胞

细胞是生命活动的基本单位。已知除病毒之外的所有生物均由细胞所组成，但病毒生命活动也必须在细胞中才能体现。一般来说，细菌等绝大部分微生物以及原生动物由一个细胞组成，即单细胞生物；高等植物与高等动物则是多细胞生物。细胞可分为两类：原核细胞、真核细胞。但也有人提出应分为三类，即把原属于原核细胞的古核细胞独立出来作为与之并列的一类。

走向陆地的植物：藓类

ZOUXIANG LUDI DE ZHIWU XIANLEI

苔藓植物是一群小型的多细胞的绿色植物，多适生于阴湿的环境中。最大的种类也只有数十厘米，简单的种类，与藻类相似，成扁平的叶状体。比较高级的种类，植物体已有假根和类似茎、叶的分化。苔藓植物体的形态、构造虽然如此简单，但由于苔藓植物具有似茎、叶的分化，孢子散发在空中，对陆生生活仍然有重要的生物学意义。

关于苔藓植物的来源问题，目前尚无一致的意见，有人认为起源于绿藻，也有人认为是由裸蕨类植物退化而来。但是，总而言之，由于苔藓植物的配子体占优势，孢子体依附在配子体上，但配子体构造简单，没有真正的根，没有输导组织，喜欢阴湿，在有性生殖时，必须借助于水，因而在陆地上难于进一步适应和发展，这都表明它是由水生到陆生的过渡类型。

登陆的苔藓

苔藓——本文的主人公，从进化的角度来说也堪称是植物界"海的女儿"，而且，估计比美人鱼还要早了至少几亿年"爬"上陆地。只不过美人鱼

"爬"上岸来是为了见到心爱的王子，而苔藓则是为了更好地生存下来。

陆地相对于海洋来说有更为充足的阳光，更加丰富的矿物养分，能够登陆就意味着能够获取更多光能和养料。已经在海水里浸泡了近30亿年的生物体们虽说对岸上世界早已按捺不住心中的激动，然而，并不是想上岸就能够上岸的。

陆地与海洋相比具有截然不同的环境——水分含量的降低、温度变化的不稳定……都是对海洋生物的致命威胁，致使海洋中的生物体需要进一

苔藓植物

步演化出相适应的一套"陆地维持生命系统"才能够适应陆地相对苛刻的环境。

今天我们所见到的苔藓植物，就很可能是"最早登陆者"的后代。

苔藓植物是"最早登陆者"

登陆的过程是十分艰苦的。海的女儿要长出一双腿用来走路，而对苔藓的祖先们来说则需要先行进化出类似于现代植物的根、叶等组织来适应陆地。

海水中的矿物以及有机养分是溶解在水里的，它们弥散在生物体的周围，因而可以直接通过细胞来吸收。而陆地上空气中的养分则少得可怜，根本不足以维持生计，但是大部分此类营养都被埋藏在土地以下，因此需要进化出像针管一样的器官来扎入土中，"吸取"地下的养分；叶是用来进行光合作用的主

体部分，就像太阳能板的原理一样，它可以凭借较大的面积更加有效地利用太阳能，以成倍增加供应给植物体的能量。

但是这时所谓的"根"和"叶"并不是现在我们通常所见植物体的根与叶，它们的功能和结构还相当简单，通常只是由少量的细胞组成。而今日我们所知的高等植物的根和叶则是由无数细胞组成了分工不同的多个结构，而这些结构通过相互之间协作才完成了根和叶的实际功能。苔藓植物的祖先已经具备了现代陆生植物的雏形，因而我们将它们称为最原始的高等植物。

在苔藓的祖先刚刚登陆时，陆地还多是由岩石组成，并没有土壤。许多苔藓植物都能够分泌一种可以缓慢地溶解岩石表面的液体，能使岩石质地改变，更容易转变为微小的颗粒，这便促成了土壤的形成。

土壤的形成对于植物来说意义重大：在较为干燥的环境中，地表的水分极易被蒸发，大量的水分和养分都蕴藏在较深的地下；但是，由岩石组成的地质结构并不利于植物根的伸展。松软的土壤可以使植物的根轻松地伸向地层深处，获取更多的营养以利于其生存。所以，苔藓植物也堪称是其他植物踏上地面的开路先锋。

苔藓的根和叶系统结构简单，通常只有少量细胞构成，而且通

苔藓植物分布广泛

常只有一层，因而与周围环境的阻隔相对很小，环境中的有害物质很容易进入到苔藓植物体内，因此苔藓植物对环境的反应远比结构复杂的其他高等植物敏感，利用这个特点，人们还用苔藓充当"环境测试剂"，以预防一些轻微的污染。

无论在热带、温带，还是在寒冷的地区都能够生存，甚至在南极洲和格陵兰北部地区都发现了苔藓植物。苔藓植物广泛地分布在森林、沼泽和其他阴湿的地方。在适宜的环境里，它们生长得极为茂盛，有时可以遍布大片的

苔藓喜欢在阴湿环境中生长

地方，形成广大的苔原。

为了踏足更加美好的世界，苔藓勇敢地登陆了地面。虽然它们依然保留着海洋生活的种种习惯：低矮、喜欢在阴湿环境中成长、没有完善的"管道"将从地表下抽取的养料运送到身体各个部位，甚至没有真正巨大的叶子来进行光合作用……然而它们最终成功地留在了地上，并且为后来者创造着更适宜生长的环境。

然而，大气污染、过度的森林采伐、规模浩大的基本建设和其他一些人类活动等，都导致环境发生了巨大的改变，甚至一些环境的改变是不可逆的，这些都极大地影响了苔藓植物的生长。例如，随着园艺、花卉事业的发展，中国泥炭藓属植物被大量开发利用而使泥炭藓资源趋向枯竭。

中国濒危及稀有的苔藓植物约在 36 种以上，已证实灭绝的苔藓植物至少有耳坠苔、拟短月藓、闭蒴拟牛毛藓、拟牛毛藓和华湿原藓等 5 种。或许有一天，苔藓将成为历史，而将它们写入回忆录的正是我们人类自己。

苔 原

苔原也叫冻原，是生长在寒冷的永久冻土上的生物群落，是一种极端环境下的生物群落。苔原多处于极圈内的极地东风带内，这里风速极大，且有明显的极昼和极夜现象。苔原生物对极地的恶劣环境有很多特殊的适应本领。苔原植物多为多年生的常绿植物，可以充分利用短暂的营养期，而不必费时生长新叶和完成整个生命周期，短暂的营养期使苔原植物生长。

植物活化石：藻苔

学者们通常认为苔藓植物是最早从海洋踏上陆地的生物。最初，他们的立论依据只是建立在苔藓植物原始的生活方式以及比较贴近于海洋的生活环境上面，但是并没有发现外形或功能与原始海洋生物相似的苔藓种类。

一直到1957年，在一次山区植物采集的过程中，日本科学家服部新佐和井上浩偶然发现了一种植物，这种植物高约0.5~1厘米，主要特点为具有直立茎和匍匐茎，叶片深裂为2~4个指状裂片，裂片为多细胞组成的圆柱形；颈卵器裸露，单个或4~5个簇生于茎上部的叶腋。多见于1000~4000米左右的高山湿润林地或具土岩面。两位科学家查遍当地的官方植物记录，确认没有该植物的相关记录。他们预感到，一种曾属于史前的，从未进入过人们视线的植物正呈现在他们的面前，这一预感顿时令他们兴奋不已。

它的外形与藻类如此相似，经过两位日本学者的悉心研究，他们一致认为该种植物属于苔藓植物，但同时，它在外观上保留了许多藻类植物的特点，因此将其命名为藻苔。

后来，经过植物细胞学家的研究，发现藻苔细胞内遗传物质数量很少，结构也较为简单，染色体n = 4，为现知陆生植物中的最低数，由此判断其可能是目前所发现的最原始的苔藓植物，现生的苔藓植物很可能就是直接由藻类植物演化而来——这也将苔藓植物的祖先与藻类紧密联系到一起，为苔藓植物的由来提供了佐证。因此，藻苔类植物的发现被比拟为具有类似银杏和

藻 苔

水杉等"活化石"的价值。

随后，这一珍贵的藻苔标本被保存在了纽约植物园中。1861年植物学家米滕将其命名为"Lepidoziaceratophylla"，并认为它是属于苔藓植物中地钱类植物。

1963 年格罗莱经过细心考证，推翻了米滕的结论。格罗莱认为这种植物其实是藻苔植物属中的另外一个种，并将其命名为角叶藻苔。角叶藻苔的发现再次丰富了藻苔类植物来源的考察证据，随着 DNA 测序及比对技术的产生，人们确认藻苔类植物的 DNA 序列与藻类植物的 DNA 序列十分类似，基本上可以确认藻苔是由藻类植物进化而来。

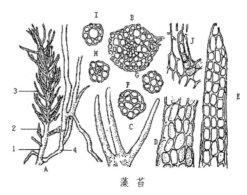

藻苔

A.植物体 1.茎；2.颈卵器；3.叶；4.鞭状枝；B.茎的横切面；C.叶（示三深裂）；D.叶的中部；E.叶的尖部；F-I.叶的横切面；J.叶其和茎的一部分，示黏液细胞

藻苔结构示意图

角叶藻苔

关于藻苔类植物，还有一则非常有趣的逸闻。树懒是一种哺乳动物，生性懒惰，极端嗜睡。树懒很少活动，通常可以趴在树上一动不动睡上一个多月，只有饿极的时候才摘片叶子，嚼那么两口；同时树懒身上长有厚厚的一层毛，这层又厚又潮的毛就成了苔藓类植物生长的绝佳地盘，加上树懒很少活动，苔藓植物很难被抖落掉，因而树懒本身灰白色的毛看上去竟会是绿色，仿佛一层天然的保护色。而生长在树懒身上的苔藓类植物大多数就是藻苔！

染色体

染色体是细胞内具有遗传性质的物体，易被碱性染料染成深色，所以叫染色体（染色质）；其本质是脱氧核甘酸，是细胞核内由核蛋白组成、能用碱性染料染色、有结构的线状体，是遗传物质基因的载体。

泥炭藓：最原始的分类群

在大多数人眼中，苔藓通常是阴湿和肮脏的代名词，没人能够想象苔藓能够在我们的日常生活中起到哪怕一丁点儿作用——除了拿来用在作家笔下的一些场景中：黑暗的城堡掩映在参天大树之间，由于缺少阳光，城堡的墙上爬满了藤蔓植物，而在更为阴暗的角落，则长满了青苔。每当深夜来临，那些阴暗的角落中常常能看到些什么——没有声息，只有一瞬即逝的魅影。苔藓与幽灵鬼怪结缘，或许是苔藓的气味和颜色容易让人产生出与幽灵或死亡有关的联想吧。

其实在现实生活中，苔藓植物除了在文学作品中扮演一些小配角外，同时还在相当多的方面发挥着不可小觑的作用。泥炭藓就是其中一种。

泥炭藓是藓类植物中最原始的分类群，约100种，多生于高山和林地的沼泽中，或有滴水的岩壁下洼地及草丛内。泥炭藓的原丝体呈片状，植物体柔软，高可达数十厘米，并呈垫状生长。茎纤细，单生或稀分枝，表皮细胞及叶细胞大且无色，有时具有水孔和螺纹。叶细胞的水孔和螺纹

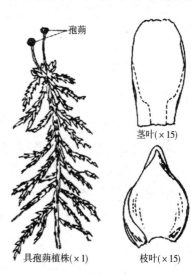

泥炭藓结构组织示意图

加厚，间有狭长形的绿色细胞。孢子四分型，呈蒴球形，成熟时为紫黑色，盖裂，由柔弱、透明的假蒴柄自茎顶伸出。在花卉市场中，我们经常能够看到：一些有经验的花卉经营者常用苔藓（多是泥炭藓）包裹诸如兰花等名贵花卉的根茎，或者将苔藓植物垫在盆底，对花卉进行护根栽培。这是因为泥炭藓具有保湿、保鲜、含水丰富的特点，其茎、叶能够涵养的水分甚至可以达到其植物体自身重量的 20～25 倍，而且，它们在生长过程中还会分泌出酸性溶液，于是，它们自然就成了为那些娇嫩的花卉创造肥沃、透水保湿性能良好的微酸性土壤环境的最佳选择。

泥炭藓

有的苗圃在春季和夏秋播种育苗时，用泥炭藓覆盖在播种盆、播种床上，不仅能减少水分蒸发，还能保障育苗所需的水分湿度。尤其是用于嫁接技术时，用泥炭藓包扎接口和环剥的木质部更有利于枝条愈合生根。此外，利用泥炭藓进行育苗繁殖还具有防虫害和抗霉菌污染的功能，使幼苗能生长发育良好。

甚至在第一次世界大战时，由于药棉严重短缺，加拿大、英国、意大利等国曾利用泥炭藓类植物的吸水特性代替棉花制作包扎敷料。

但也正是由于其超凡的吸水性，它在森林地区过分生长往往会给森林带来毁灭性的打击。尤其值得一提的是，由泥炭藓和其他植物长期沉积后形成的泥炭，其 1 吨的燃料热量相当于 0.5 吨的煤。

这种貌不惊人的"小家伙"们由于其可观的经济利用价值，越来越受到人们的重视，于是其生存也就如其他的经济植物一样，变得越发举步维艰，在局部地区甚至已经处于绝灭的危险境地。

嫁　接

　　嫁接是植物的人工营养繁殖方法之一，即把一种植物的枝或芽，嫁接到另一种植物的茎或根上，使接在一起的两个部分长成一个完整的植株。嫁接时应当使接穗与砧木的形成层紧密结合，以确保接穗成活。接上去的枝或芽，叫做接穗，被接的植物体，叫做砧木或台木。

美苔与黑藓

美　苔

　　美苔是苔纲中次于藻苔目的原始的一目，植物体肉质，多脆弱，淡绿或灰绿色，干燥时皱缩。主茎根茎状，多扭曲，无假根；枝茎直立，高 1～3 厘米。叶 3 列，背腹分化。叶细胞六角形，薄壁，单层，仅部分种类的叶基部具有多层细胞，内含小形纺锤状油体。雌雄异株（见图）。精子器丛集雄株顶端呈花苞状。雌株无苞叶，具有高筒状蒴帽。孢蒴呈椭圆形，棕黑色或褐色，成熟后一侧纵裂。蒴柄无色透明。孢子淡黄色。弹丝 2 列，螺纹加厚。仅 1 科 1 属——裸蒴苔科和裸蒴苔属。其中除 1 种见于欧洲外，其余 6 种均见于热带及亚热带南部阴湿溪沟中。中国有 2 种及 1 变种。

　　在系统上，美苔目

美　苔

黑藓结构分解示意图

被推测为由一类单一细胞，胞蒴壁多层和假根单一型的植物演化成的原始苔类系。而该目植物化学内含物中存在多种倍半萜烯类物质，并在少数种中发现芹菜配质的酰化产物葡糖和黄芹素—羟基芹菜配质等较进化的化学物质。因此，从植物形态学角度的推测和化学内含物的分析所得的结论，与美苔目现有的系统位置的意见不一。

黑　藓

黑藓属藓纲，黑藓科，植物体多呈紫黑色或灰黑色。细胞多有粗疣，孢蒴有假蒴柄，成熟后常纵长四裂。常<u>丛生</u>于高山或寒地裸露的花岗岩石上。我国的陕西、安徽和福建等省区 1700 米以上高山常见。常见种为疣黑藓和东亚黑藓。

苞　叶

苞叶是指花茎基部的叶子，常用来保护芽体。在包裹叶芽和花蕾的扁平叶片中，一般把比较大形的叶片称为苞叶，比较小形的叶片称为鳞片，但两者的区别不一定明确。

繁盛一时的蕨类植物

FANSHENG YISHI DE JUELEI ZHIWU

　　蕨类植物为植物界中的一个自然门类，其起源可以追溯至古生代的志留纪。晚古生代是地球上蕨类植物最盛行的时代，到了晚古生代的二叠纪，因气候变化等原因，蕨类植物最繁盛期就过去了。但在中生代三叠纪和白垩纪，蕨类又衍生出一些新的种类，其中大多数一直延续到今天。现有的蕨类植物除树蕨科植物为乔木状以外，一般都是多年生草本植物，多为陆生、附生植物，少数为水生或攀缘植物。

　　蕨类植物与人类关系密切，今日煤炭的主要来源就是远古时代地球上繁荣的蕨类植物森林的遗体。蕨类植物还有许多其他重要作用，许多国家自古就使用蕨类的一些植物作为重要的药用植物。如：木贼、海金沙、贯众、骨碎补等；也可食用，如：菜蕨、蕨、水蕨等；还有些蕨类可以提出大量淀粉。此外，许多蕨类植物具有奇特而优雅的形态，观赏价值极高，如鹿角蕨、鸟巢蕨、肾蕨等都是著名的观赏植物。

蕨类植物的兴衰

长久以来，有关恐龙的种种发现与猜测、传闻一直极大地刺激着人们卓越的想象力。其庞大的身躯、无与伦比的凶悍将人们的好奇心几乎膨胀到了极点，甚至有人说，很多人的"怪兽情结"都发端于这种神秘的史前动物。

通过对已经出土的恐龙化石的研究，以及生态学家们对当时地球生物圈组成的推测，学者们认为大多数的恐龙都属于植食性动物。如此巨大的身躯，食量必然也小不了。那么，是什么样的植物养活了这些庞然大物呢？

让我们先看看当时地球上主要的植物种类吧。通过对一些古代植物化石年代的推算，恐龙在地球上占统治地位时，苔藓植物、蕨类植物和裸子植物正处于生长盛期。相比之下，蕨类植物的茎富含淀粉，枝干也并不强韧，适于动物们咀嚼；而裸子植物由于具有发达的木质部不利于咀嚼，且叶中含有大量丹宁因而口感不佳；另外，苔藓植物的植株太过矮小，估计巨龙们用"嘴啃泥"式的方法也是啃不到的。于是，蕨类植物也理所当然地在这三类植物之中胜出，成为了植食性恐龙的不二选择。

蕨类植物是从哪里来的呢？

在苔藓植物成功登陆之后，泡在海洋中的生物们纷纷"眼热"了——更充足的阳光、更丰富的养分、到处都是氧气……简直就是神仙一般的日子。

碗　蕨

其中的一支名叫绿藻的族群并不只是停留在羡慕的阶段，而是积极地改造自身结构以适应陆地生活。经过了不懈的努力之后，绿藻们终于成功了，一支全新的物种继藻类之后又登上了陆地，这就是经由绿藻演变而来的裸蕨类植物。

松叶蕨

苔藓植物在陆生生活中仍然存在着缺陷——太过低矮的植株很容易被遮蔽而无法享受到阳光的照射，脆弱的假根也很难承受恶劣的环境而遭受破坏。于是，这些裸蕨类植物内部进化出了具有导管系统与茎相似的结构。这种结构可以帮助裸蕨植物直立生长，从而增加了植物体的高度，身高的优势使得这些裸蕨植物很少受到遮挡因而充分得到了阳光照射。

此外，裸蕨植物茎的下端也生长出了毛发状的假根结构，它们相对于苔藓植物来说更为粗壮，进一步起到了支撑和固定植物体的作用。这也是现今大多数植物进化的结果——更高大的身材加更强壮的根系。

裸蕨是蕨类植物的祖先，同时也是个短命的祖先。它们于泥盆纪风风火火地登陆，而在不久之后的石炭纪突然销声匿迹。石炭纪的地壳运动相当活跃，而在运动的过程之中，各个板块之间难免有些磕磕碰碰——高耸入云的山脉和深不见底的谷地就因此产生了。

突然出现的高山和谷地引起了整个陆地气候的巨变，这场变革触及陆地上所有地区。"爬"上了陆地的脆弱生命们第一次被逼上了"生死线"——要么想方设法生存下去变成"活化石"，要么四仰八叉地躺下被土掩埋，等数亿

光叶蕨

裸　蕨

年后再被挖出来，陈列在博物馆被人们瞻仰遗容。裸蕨植物中的三支后裔—石松类、木贼类和真蕨类看起来相当留恋"红尘"，苦苦支撑，终于熬过难关。经过此前的地质活动盛期，大片土地露出海面，陆地面积成倍增加，兼之当时气候温暖、湿润，沼泽遍布，一个生物生长的黄金时代到来了。三支蕨类植物后代也没浪费好时光，在很短的时间内，陆地上出现了森林，而在这大片大片的森林中也孕育了无数的生机。

现存的蕨类植物多数比较矮小，且生活在阴湿的环境中，这并非盛极一时的蕨类王朝原貌。当时蕨类植物的三大家族中的两支——石松类和真蕨类各自演化出一些巨型品种，比如石松类的鳞木和封印木以及真蕨类的树蕨。

鳞木高三四十米，树身直径 2 米；芦木生长在沼泽里，高度与鳞木不分伯仲，树干直径也可达 1 米；树蕨虽然高度较低，仅有十几米，然而它凭借更大的叶片面积以及更高叶片密度获取了更多的光能，因而在诸多蕨类植物中脱颖而出，成为主要物种。而这些高大的蕨类植物因为其出众的高度成功遮蔽了一些矮小植物而独享阳光。矮小植物自然缺乏日光照射，因而植株的数量及高度呈现出了严重的两极分化。

而当时植株高度较高的裸子和蕨类植物也就成为众多陆生植物中的优势物种。让我们想象一下当时的情景：广大的陆地被茂密的蕨类森林覆盖，其中逡巡着各种各样的巨型爬行动物。当时的地球，海洋如蓝宝石一般蓝，环境毫无污染，气候宜人，而生物的数量和种类也在如此优越的环境中攀上了一个高峰。然而，盛极必衰，这条横亘百万年的真理再次站出来现身说法。

恐龙灭绝的原因直到今天还在被人们争论。陨星撞地说、外星生物屠杀说、气候剧变说……每个学说的拥护者都能罗列出一堆理由来支持自己的观点：6500 万年前发现的巨型陨石坑、大面积大密度恐龙化石分布的发现……

蕨类植物化石

诸如此类的线索层出不穷。然而最为科学家们所认同的还是食源断绝说。

根据地质学家的考证，二叠纪末期，地质活动又一次进入了频繁期。地形和气候再次剧变，蕨类植物的黄金时代走向了终点。频繁的地震和温度的骤升骤降致使绝大部分的高大蕨类植物倒下，并且从此无法生长。以蕨类为主要食物的恐龙也就从此断了粮，植食恐龙纷纷倒下。而肉食恐龙的处境也好不到哪里去。这时虽然已经出现了小型哺乳动物，但是它们行动迅速，远非巨兽们能比拟，根本不可能被体形庞大的恐龙抓住。那些史前的猛兽也就一头头地安息了。

经过了二叠纪和石炭纪两次地质活动剧变期的地球也出现了更多的生物，这些生物已经不像之前的恐龙或蕨类植物那么高大，而纷纷向小型化发展。地理与气候的复杂演变也使得植物和动物种类有了更大的飞跃。植食类动物可选择的食物大大丰富了，生活条件的改善让这些动物的生存能力更强，而肉食动物也就相应得到了稳定的食源。现在看来，经过两次地质剧变之后，地球生物圈的承受能力得到极大的增强，很难再因为环境剧变而全体灭绝。

荚果蕨

一个辉煌的"巨兽年代"就这么随着巨型蕨类的灭绝而灰飞烟灭了，留给人们的除了一堆堆冰冷坚硬的化石，就是那些黑珍珠——煤和石油。人类在数百年内疯狂地开采和消耗，已然使这些积攒了5500

万年、又埋藏了6000万年的资源接近枯竭了。当然这些巨型生物的逝去也给了小型生物生存的空间，一个更为辉煌的时代在地球上开始了——现代地球的大幕被缓缓拉起。

知识点

恐 龙

恐龙是生活在距今大约2亿3500万年至6500万年前的，能以后肢支撑身体直立行走的一类动物，支配全球陆地生态系统超过1亿6千万年之久。大部分恐龙已经灭绝，但是恐龙的后代——鸟类存活下来，并繁衍至今。

■ 佛家的神圣之树：桫椤树

古时的印度有一条河，名叫希拉尼耶底河。据说河两岸郁郁葱葱，水草肥美，其中珍禽异兽数不胜数。话说这一日，远方缓步走来一个年老的僧人。此人八十上下，身着袈裟，手捧佛珠，慈眉善目，行走似慢实快，隐闻风雷之声，众鸟兽神情惶恐，纷纷摘下果子、香蕉向老人进贡。此人正是佛祖释迦牟尼。佛祖跋山涉水来到该地后，先前的暑热顿时一扫而空。心旷神怡之时开始打量起两岸景致，连连暗叹此地风光旖旎，确是人间仙境。忽而有两棵桫椤树映入眼帘，于是来到这两棵桫椤树之间，头向北，面向西，头枕右手，右侧卧在僧袈上，随后涅槃升天了。从此之后，佛家将桫椤树列为神圣之物。

桫椤树

一亿多年前的中生代侏罗纪时期，地球上欣欣繁荣，整个世界就是一个名副其实的侏罗纪野生公园：巨大的木本植物桫椤、苏铁、银杏、水杉正处盛期，密密麻麻，遮天蔽日；凶猛的猎食者暴龙横行霸道；体形娇小的伶盗龙灵巧地在林间穿行；始祖鸟时而奋力奔跑，时而展翅低飞；植食恐龙们则争食着富含淀粉的蕨类植物。古老的动物和植物在密林间不停地进行着明争暗斗、弱肉强食的残酷游戏。

转瞬即逝，数千万年过去了，到二叠纪末期，地质活动突然频繁起来，地球上发生了天翻地覆的巨变。一夜之间便从海面下升起高耸入云的山脉，与此同时原有的险峰也眨眼间成为了谷地。祸不单行，接踵而来的是第四纪冰川爆发、气温骤降等一系列变化。经过自然界的巨变之后，两类生物存活下来：一类是能够耐寒且能量需求小的动物和植物，它们能够在严酷的自然环境中存活下去；另一类是身处极度优越的环境中——就是指极少受到地质活动的影响，温度湿度都很适宜的桃源仙境的生物。现在我们所看到的桫椤就很可能在数千万年

桫椤叶片的生长方式很独特

前栖身于这样一片仙境中，丝毫不受外界严酷自然条件的影响而一直存活至今。

桫椤也称"刺桫椤"、"树蕨"，桫椤的外形很有特点，它的枝干直立，高度通常为3～8米，树干的直径为10～20厘米，在树干上部可见一些残存的叶柄，它们向下弯曲生长，后密集地交织成类似于根状的结构用来吸收养分，好像是树干顶部向下伸出无数条吸管一样。

桫椤的树冠乍一看去很像是辐射状的主枝从树干顶部伸出，主枝两侧对

称地长满了侧枝，侧枝的两侧上又对称生出次一级的侧枝，而次一级侧枝上则对称生长着极小的叶片。这些极小的叶片组成了如羽毛的样子，这样的叶片生长方式在植物学上被称为"羽状复叶"，而实际上并不是这样。桫椤的叶很独特，为大型叶，并且为羽状深裂，简单说来，就是主枝、侧枝、小叶都包含在一大片叶里，而这一大片叶子会沿着一定的规律自行开裂，最后形成像羽状复叶一样的结构。我们把这样的叶结构称为"羽状深裂"。在茎端和拳卷叶以及叶柄的基部密被鳞片和糠秕状鳞毛，鳞片暗棕色，有光泽。桫椤的近小羽轴处着生着多数的孢子囊。

从远看桫椤就像一柄大伞

从远处看去，桫椤就像一把大伞，而从顶部看去，由于桫椤的叶呈辐射状发散，因此整个树冠呈圆形。估计即使隔着几千米远也能毫不费力地辨认出来，看来当年释迦牟尼挑选升天之处时还是经过一番考虑的。然而，桫椤，这唯一的木本蕨类，外形如此独特，身份如此尊崇，在它脚下圆寂也算是自身地位、品味的体现了。

桫椤为半阴性树种，喜温暖潮湿气候，常生长在山谷溪边林下。同时，桫椤也是濒危物种，它生长缓慢，生殖周期较长，生长和繁殖后代都需要温和而湿润的环境。由于森林植被覆盖面积缩小，现存分布区的气候日趋干燥，加之桫椤的茎干可作药用，常被人砍伐，植株日益减少，有的分布点已经难觅桫椤踪影。现在桫椤已被我国列为国家一级保护物种，如果不加强保护，终有一日，桫椤也将会"绝灭"在我们人类手里。

侏罗纪

侏罗纪是一个地质时代,是中生代的第二个纪。虽然这段时间的岩石标志非常明显和清晰,其开始和结束的准确时间却如同其他古远的地质时代,无法非常精确地被确定。侏罗纪的名称取自于德国、法国、瑞士边界的侏罗山。超级陆块盘古大陆此时真正开始分裂,大陆地壳上的缝生成了大西洋,非洲开始从南美洲裂开,而印度则准备移向亚洲。

草本蕨类植物代表:木贼

木贼始载《嘉祐本草》:本品草干有节,面糙涩,制木骨者用之,搓搓则光净,犹云木之贼,故名。

别名:木贼草、锉草、节骨草、无心草、节节草、擦草、擦桌草。

夏秋二季采割,除去杂质,晒干或阴干,置干燥处,以备切段,生用。

形态:根茎短,棕黑色,匍匐丛生;营养茎与孢子囊无区别,多不分枝,高达60厘米以上,直径4~10毫米,表面具纵沟通18~30条,粗糙,灰绿色,有关节,节间中空,节部有实生的髓心。叶退化成鳞片状基部连成筒状鞘,叶鞘基部和鞘齿成暗褐色两圈,上部淡灰色,鞘片背上有两面三刀条棱脊,形成浅沟。孢子囊生于茎顶,长圆形,无柄,具有小尖头。木贼起源于泥盆纪时期,在石炭纪时期特别兴盛,当时一些种类可生长到30米高。木贼是规则对称的植物,茎干有节而叶子为

木 贼

圆形状。现今仍存有一些种类，但没有一种其高度超过数公尺。

产地：生于坡林下阴湿处、河岸湿地、溪边，喜阴湿的环境，有时也生于杂草地。主要分布在黑龙江、吉林、辽宁、河北、安徽、湖北、四川、贵州、云南、山西、陕西、甘肃、内蒙古、新疆、青海等地。北半球温带其他地区也有。

习性：一年或多年生草本蕨类植物。枝端产生孢子叶球，矩形，顶端尖，形如毛笔头。植株高达100厘米。地上茎单一枝不分枝，中空，有纵列的脊，脊上有疣状突起2行，极粗糙。叶呈鞘状，紧包节上，顶部及基部各有一黑圈，鞘上的齿极易脱落。喜潮湿，耐阴，常生于山坡潮湿地或疏林下。盆栽冬季需移入不低于0℃的室内越冬。多年生草本蕨类植物。枝端产生孢子叶球，矩形，顶端尖，形如毛笔头。植株高达100厘米。地上茎单一枝不分枝，中空，有纵列的脊，脊上有疣状突起2行，极粗糙。

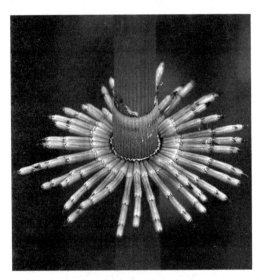

木贼是规则对称的植物

茎呈长管状，不分枝。长40～60厘米，直径约6毫米。表面灰绿色或黄绿色，有18～30条细纵纵棱，平直排列，棱脊上有2行细小的疣状突起，触之稍挂手。节上着生鳞处状合生的筒状叶鞘，叶鞘基部和先端具有2圈棕黑色较宽的环。鞘片背面有2条棱脊及1条浅沟。质脆，易折断，断面中空。边缘有20～30个小空腔，排列成环状，内有白色或浅绿色的薄瓢。

木贼所含的硅酸盐和鞣质有收敛作用，从而对于接触部位，有消炎、止血作用。同属植物全草有利尿作用，临床上曾用来治疗糖尿病，但动物实验未能证实。牲畜食木贼及木贼属植物可引起中毒，症状有四肢无力、共济失调、转身困难，牲畜活动时产生震颤及肌肉强直、脉搏弱而频、四肢发冷，血液化学分析表明维生素 B 缺乏，用大量维生素 B 有解毒作用。

对心脑血管的作用：木贼醇提液能增加离体豚鼠心脏冠脉流量。0.2 毫升/千克（100% 提取液）静脉注射对垂体后叶素引起的 T 波升高和心率减慢有一定的对抗和缓冲作用。木贼醇提物 10～15 克/千克腹腔注射或 20 克/千克十二指肠给药，对麻醉猫有持久的降压作用。降压强度和维持时间与剂量有一定的相关性。并有对抗组胺收缩血管作用，对切断脊髓的猫仍

木贼是多年生草本蕨类植物

有降压作用，故认为其降压部位的外周性的。对家兔离体血管有明显扩张作用。

其他作用：阿魏酸有抑制血小板聚集及释放的作用，在动物实验中有镇静、抗惊厥作用，其致死量（毫克/千克）为小鼠腹腔注射为 946，大鼠灌胃为 3000。毒性表现为共济失调、肌肉强直及四肢发冷。血液分析表明维生素 B 缺乏，用大量维生素 B 治疗可恢复正常。

血小板

血小板是哺乳动物血液中的有形成分之一。形状不规则，有质膜，没有细胞核结构，一般呈圆形，体积小于红细胞和白细胞。血小板具有特定的形态结构和生化组成，在正常血液中有较恒定的数量，在止血、伤口愈合、炎症反应、血栓形成及器官移植排斥等生理和病理过程中有重要作用。

重要的成煤物料：鳞木

鳞木是石松中已绝灭的鳞木目中最有代表性的一属。出现于石炭二叠纪，乔木状，是石炭二叠纪重要的成煤原始物料。树干粗直，高可达 38 米以上，茎部直径可达 2 米。枝条多次二歧分枝，形成宽广的树冠。叶螺旋排列，线形或锥形，具有单脉。叶的基部自茎面膨大突出，当叶脱落后在其表面留下排列规则如鱼鳞状叶座。叶座绝大多数呈纵菱形或纺锤形，呈螺旋状排列。叶痕呈横菱形或斜方形，中央有一个很小的维管束痕，两侧各有一通气道痕。叶痕的上面有一个很小的叶舌穴，中柱在茎的直径中仅占一小部分，而皮层部分却很厚，显然，它们的输导与支持功能是分开的。茎干的基部为根座，呈二叉分枝状。根自根座四周生出。孢子叶聚集成孢子叶球，着生于小枝顶端。每个孢子叶的腹面（即上面）有一孢子囊。

鳞 木

二叠纪

二叠纪是古生代的最后一个纪，也是重要的成煤期。二叠纪开始于距今约 2.95 亿年，延至 2.5 亿年，共经历了 4500 万年。二叠纪的地壳运动比较活跃，古板块间的相对运动加剧，世界范围内的许多地槽封闭并陆续地形成褶皱山系，古板块间逐渐拼接形成联合古大陆（泛大陆）。陆地面积的进一步扩大，海洋范围的缩小，自然地理环境的变化，促进了生物界的重要演化，预示着生物发展史上一个新时期的到来。

水韭与中华水韭

水 韭

水韭目约 60 余种，多原产于北美北部和欧亚大陆多沼泽、寒冷的地区。形小，叶禾呈草状或翮状，螺旋排列，具有中央导管和 4 个通气道，中有横隔分成数腔，叶基处有叶舌。茎球茎状或块茎状，下面生根，上面生叶。孢蒴大，圆形至长圆形，生于叶舌与叶基间，叶基生有一个小而薄的叶舌。水韭全年或一年的部分时间沉生在水中，少数种为陆生。原产于欧亚的普通水韭（即湖沼水韭）和北美的大孢水韭极其相似，均为水生，叶长而尖，坚硬，深绿色，围绕一短粗的基部生长。意大利水韭叶较长，呈螺旋状排列，漂浮在水面。沙水韭是一个不引

水 韭

人注意的欧洲陆生种，叶窄，长 5 ~ 7 厘米，从肥大的白色基部丛中长出，反弯到地面。

中国主要有中华水韭、云贵水韭、高寒水韭、台湾水韭、东方水韭。

中华水韭

又名华水韭，为水韭科多年生沼泽矮小草本植物。植株高 15 ~ 30 厘米；根茎肉质，块状，略呈 2 ~ 3 瓣，具有多数二叉分歧的根；向上丛生多数向轴

中华水韭

覆瓦状排列的叶。叶多汁，草质，鲜绿色，线形，先端渐尖，基部呈广鞘状，膜质，黄白色水韭，腹部凹入，上有三角形渐尖的叶舌，凹入处生有孢子囊。孢子期为5月下旬至10月末。

分布于长江流域下游局部地区。主要生长于浅水池沼，塘边和山沟泥土上。喜温和湿润、春夏多雨、冬季晴朗较寒冷的气候；由于农田生产和养殖业的发展，自然环境变迁和水域的消失，该种在许多地方已不复存在。20世纪20年代于南京玄武湖、明孝陵至前湖二地采得，标本藏于南京中山植物园标本室，50年代仅在安徽省当涂、休宁和浙江省佘杭等地采得。20世

纪90年代之后在南京、当涂均无发现。2001年南京中山植物园从杭州引入栽培于蕨类植物区。由于本种植物的生境特殊，将有灭绝的危险。

中华水韭是水韭科中生存的孑遗种，在分类上被列为似蕨类，即小型蕨类，没有复杂的叶脉组织的种类，因此在系统演化上有一定的研究价值，它又是一种沼泽指示植物。

中华水韭是水韭科中生存的孑遗种

叶　脉

　　叶脉就是生长在叶片上的维管束，它们是茎中维管束的分枝。这些维管束经过叶柄分布到叶片的各个部分。位于叶片中央大而明显的脉，称为中脉或主脉。由中脉两侧第一次分出的许多较细的脉，称为侧脉。自侧脉发出的，比侧脉更细小的脉，称为小脉或细脉。细脉全体交错分布，将叶片分为无数小块。每一小块都有细脉脉梢伸入，形成叶片内的运输通道。

裸子植物：
有性繁殖时代的来临
LUOZI ZHIWU YOUXING FANZHI SHIDAI DE LAILIN

　　裸子植物属于种子植物，原始类型出现于泥盆纪早期，与真蕨植物有着比较明显的亲缘关系，如在其生活史中孢子体占优势，孢子体具大型叶，配子体较简化。裸子植物的配子体寄生在孢子体上，不能独立生活。两者都具大型叶，有些裸子植物中更具有羽状复叶，幼叶有拳卷现象。某些较原始的裸子植物，如苏铁和银杏等，仍然有多鞭毛的游动精子，这也与真蕨相似，因此一般认为，裸子植物起源于真蕨植物。

　　最原始的裸子植物是种子蕨，它们的营养体性状与真蕨植物相似，而以种子进行繁殖的生殖特征与裸子植物相同。它们可能经过前裸子植物进化而来。由种子蕨沿着两条进化路线发展：一条是苏铁演化线，包括苏铁类等；另一条苞鳞/种鳞复合体演化线，发展为银杏类、松柏植物。

生物面临的进化选择

  植物的生殖方式被分为了两大类：一类是有性生殖，这类植物首先需要经过雌雄个体生殖细胞的结合，生殖细胞内部染色体的数量只有雌雄个体的一半，而生殖细胞结合之后的个体才是完整的幼体；另一类则是无性生殖，这类植物不经两种个体间的结合而是直接产生下一代生命。不同的生殖方式被现代科学家作为了生物体进化程度重要的判断标准之一。

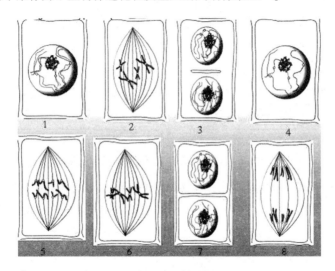

细胞有丝分裂顺序图

  生命体自它诞生的那一刻起便在想方设法地存活下去。强大的狮子进化出锋利的牙齿和强壮的四肢，大量猎取其他生命以维生；弱小的羚羊进化出敏锐的视觉、听觉和快若闪电的速度来躲避强敌的窥伺；长寿的万年古树则因为本身新陈代谢的缓慢"度年如日"……在有机物被赋予了生命，成为了细胞之时，它们同时也被剥夺了不朽的权利，衰亡对于每个生命体都是必然的过程。既然单个生物无法永生，那么繁殖后代便成为了延续种族的惟一方式。想在地球史上留下点痕迹，怎样更好地繁衍后代就成为了生物们一个首要的问题。

无性繁殖与有性繁殖

最原始的单细胞生命采用了"分身术"来制造下一代。首先，它们体内的遗传物质会加倍，之后平分到细胞两侧，最后细胞从中间一分为二，成为了两个新生命，遗传物质也平分到了两个细胞中，这两个细胞无论外形和内部组成基本都与原来的细胞没什么区别。我们称这种生殖方式为分裂生殖。

分裂生殖属于生物体无性繁殖中的一种，它的过程简单，对细胞的结构复杂程度要求也很低。由于地球的原始生存环境相当恶劣，结构复杂的细胞在当时的环境中根本无法生存，分裂生殖就成为了当时一个简单高效的繁殖方式。虽然通过分裂生殖产生的后代会一成不变地延续上一代的所有生活方式，但这种保守的态度至少能保证整个种族在恶劣环境中的存活。变形虫、眼虫藻等就是采用这种生殖方式。

此外，营养生殖、出芽生殖和孢子生殖等都属于无性生殖。现存的许多生物还在延续着无性生殖的方式，而一些有性生殖的生物在特定条件下也能够以无性生殖的方式繁衍后代。植物界中的大部分成员都保持了无性生殖的特性，构成它们身体的任何一个单独细胞都拥有再生为完整植株的能力，现代植物研究中广泛运用的组织培养技术就是利用了植物的这一特点。

然而，动物们却失去了这种强大的能力，直接导致它们更容易受到伤害。如果人们因事故而造成的肢体或器官伤害能够再生，那将是一件多么伟大与幸福的事。

那么，为什么植物可以再生，而动物却不能呢？

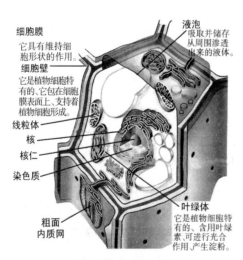

细胞膜
它具有维持细胞形状的作用。

细胞壁
它是植物细胞特有的，它包在细胞膜表面上，支持着植物细胞形成。

线粒体

核

核仁

染色质

液泡
吸取并储存从周围渗透出来的液体。

叶绿体
它是植物细胞特有的、含有叶绿素、可进行光合作用产生淀粉。

粗面
内质网

植物的细胞结构示意图

这是因为植物体的结构简单，身体远没有动物的器官那么复杂，每个细胞中都含有这种植物的所有遗传信息，而且这些遗传信息都能够自然表达。这就令植物细胞具有了高度的再生长能力，一旦它脆弱的身体任何一部分受到损伤都可以轻松地再生。

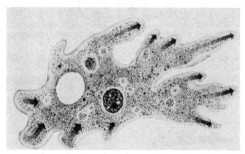

变形虫

不过，植物为此也付出了沉痛的代价——永远停留在低级阶段。

虽然动物细胞也含有所有的遗传信息，但是这些遗传信息却是因细胞功能的不同而有选择性地进行蛋白质合成的，进而进行器官的合成。比如，肝细胞只会指导肝脏的构建，而不会长成胃。正是由于这种特殊部位的细胞专门化，动物才不可能让每个细胞中的基因都完全表达，不然每个器官的独特作用就无法体现出来。

生命的进化其实就是一个生命体基因变异的过程。基因控制着生物体的外形与内部构造，因而基因的变异直接影响到了生物体的生活方式。

在一些极端环境中，比如强辐射、高温或非正常的细胞增殖过程中，基因都可能发生变化。有的基因变化可能将生物体置于死地，有的却可能帮助生命体改造结构以避免一些极端环境对身体造成的伤害。

单个生物体发生基因突变的几率毕竟有限，在有性生殖产生以前，子代的基因只是来自上一辈单个个体，有利基因的积累完全是一脉相承式的，速度相当慢；有性生殖出现之

核
可综合细胞内其他各个结构的运行，通过核孔运输物质。

染色质
分裂时，可浓缩成染色体。

高尔基体
动植物都有它，与储存、分泌、排泄有关。

仁
含有蛋白质和核糖酸。

细胞膜

中心粒
在动物细胞分裂中起固定中心的作用。

内质网
由膜围成的袋状或管状系统。它的一端与外膜连着、起物质输送作用。

线粒体
进行呼吸的场所，也是制造三磷腺苷的工厂。氧气和食物分子发生反应、生出三磷腺苷。

核糖体
分布在核周围和内质网上，是蛋白质的合成场所。

动物的细胞结构示意图

后，子代的基因就同时来自父本和母本两个不同的个体，不同生物为抵抗不同恶劣环境而产生的基因变异则有机会混合于他们的子孙身上。如此一来，生物体经过自然选择产生出来的一些有利基因就在有性生殖产生之后，以成倍的速度向后代传递，这对于后代有着极为重大的意义。

基　因

基因是遗传的物质基础，是DNA（脱氧核糖核酸）分子上具有遗传信息的特定核苷酸序列的总称，是具有遗传效应的DNA分子片段。基因通过复制把遗传信息传递给下一代，使后代出现与亲代相似的性状。

走进有性繁殖时代

在裸子植物出现之前，分裂生殖与孢子生殖仍然是植物所采用的主要生殖方式，两种生殖方式均不能离开水环境进行，并且新个体在还是一个弱小的孢子的时候就已经被放置于自然环境中了，处于自生自灭的境地中，母体并不能对后代进行任何保护。

裸子植物的受精过程脱离了水环境，而是通过风力来传播雄性花粉。雌花受精后，随即发育成种子，使下一代幼小的生命体在形成时期就得到母体充分的滋养。种子成熟后再脱离母体，通过种翅等构造由风向四处传播，靠坚硬的种皮在干燥寒冷的环境中生存。后代刚刚形成就得到了

苏　铁

很完美的保护，存活率从而大大提高了。

裸子植物起源于古生代，繁盛于中生代，曾经与巨型的蕨类植物和恐龙共同生活在地球上。在晚二叠纪的全球性剧烈地质活动以及随后到来的数次冰川期侵袭中，恐龙与高大的蕨类植物携手退出了历史舞台，而裸子植物凭借自身特有的一些优势存活了下来。它们已经进化出了木质部与韧皮部，这些都是密集的导管系统，不仅能够运输营养，同时还有很高的硬度与韧性，使其有可能承受剧烈的冲击及震动。它们的叶通常呈针形或密集层叠的小型鳞片状，因此在冰川期寒冷干燥的环境之中具有极强的耐寒性。而且这种叶结构最大限度地保持水分蒸发与光合作用之间的平衡，能够保存少得可怜的水分，从而使植物挺过长达千余年的寒冬。

相对于被子植物来说，裸子植物虽然同样是种子植物，但种子外部并没有被子植物的特有结构——果皮以及果肉的包裹，而是裸露在外，因而得名"裸子植物"。但我们需要认识到的是，裸子植物真正为人所重视的地方其实并非它的学术研究价值，而是它本身所蕴含的巨大经济价值。

铁　树

历经数次世界末日的裸子植物现在又一次受到了人类的威胁。因为，裸子植物中的许多品种为重要的林木，尤其在北半球，80% 以上的森林组成都是裸子植物。优良的质地使得它们被广泛运用于建筑、车船、造纸工业中，一些利欲熏心的人们完全忽略了森林自身的生产能力，大肆砍伐。现在，大约每过一分钟就有 0.3 平方千米的森林正在消失，一年累计约有 16 万平方千米的森林被人类消耗掉。依照我们现在对木材的消耗速度计算，百年之内，世界森林资源就将告罄。

我们不得不首先为人类巨大的破坏力咋舌，再为那无数棵变为人类口中"有用之才"的树木哀悼。人类在拥有了思考和创造能力的同时，又用这天赋不断挤压着其他生物的生存空间。然而，当其他物种消亡殆尽的时候，人类又能往何处呢？那一天也许就是人类灭绝的日子。这个冰冷而遥远的未来并不一定会发生，只要我们与自然界和谐共处，在大自然的再造能力之内合理地开发、利用资源，我们的世界仍然会是丰富多彩的。

人类最为急需的其实就是寻找到一个方法，一个能减少人类破坏速度与自然界恢复速度之间差值的方法，森林的保护其实就是减少这个差值的有效手段。

中生代

中生代是显生宙第二个代，晚于古生代，早于新生代。这一时期形成的地层称中生界。中生代名称是由英国地质学家菲利普斯于 1841 年首先提出来的，是表示这个时代的生物具有古生代和新生代之间的中间性质。自老至新中生代包括三叠纪、侏罗纪和白垩纪。

▎▎▎走过冰川时代的松、柏、杉

裸子植物因为它的特殊器官结构具有很强的耐力，因而能够挺过长达数千年的冰川期。不过因为这些特殊结构，它们也就注定不可能像被子植物那样有如此多的种类。

裸子植物门中共有大约 800 种植物，分为 4 个纲，即苏铁纲、银杏纲、松柏纲、盖子植物纲。其中松柏纲是裸子植物门最大的一纲，它拥有整个裸子植物门一半以上的植物，共计 600 多种。

松树傲骨峥嵘，柏树庄重肃穆，且二者均四季常青，历经严冬而不衰。

《论语》中就有"岁寒，然后知松柏之后凋也"。因此在我国，松与柏向来被认为是坚强不屈的象征，并与竹、梅一起被称为"岁寒三友"。

松 树

其实，松柏泛指的是松科和柏科的植物，它们隶属于松柏目。这一目中还有我们所熟知的杉科植物以及与杉科植物外形很相似的南洋杉科。而松柏目中的这四科植物数量则汇集了松杉纲的绝大部分，共有400多种。

松、柏、杉是人们使用的通俗名称，其中有不少植物由于外形类似而被错认为相同的科，如冷杉、云杉属于松科，但名称上用了杉字，而水松和金松则是杉科植物，这些名称沿用至今已约定俗成。目前各科植物应用的名称常常是混杂的，想要辨别这三科植物只依靠植物名是不够的。而从外形来看，这三科植物多是植株挺拔，高大参天，想要将这些巨木分门别类，我们就需要研究一下三科植物各自具有的一些特殊结构。

从叶形来说，松科和柏科植物最容易辨认，因为松科是细长的针状叶，且在枝上呈螺旋状互生，也就是说松枝的每个节上只生有一片叶，而且每根枝条上的叶都呈螺旋状排列。同时，由于松树针叶的尖端十分尖锐，因此摸上去十分扎手。而柏树则是对生或轮生叶，也就是说每节上会生着2~3片叶，且叶

柏 树

上多会分布龙鳞状的鳞片。

杉科植物辨认起来要麻烦得多。杉科植物的叶形很多，有披针形、钻形、鳞形或条形，其中披针形和钻形叶同松科叶形十分相似，而鳞形和条形叶则与柏树相似，如果不仔细观察，就会将杉科同其他两科植物混淆。不过同松科相比，杉科植物还是有些细微差别的，那就是杉科植物的披针形叶会比松科的针形叶稍宽一些。

杉科和柏科植物相比，其中许多种的叶形和叶序已经十分相似，要区分这些种，我们就要从两科植物的球果种鳞与苞鳞联合的紧密程度来判别了，

柏 叶

其中杉科植物球果由于种鳞同苞鳞是半合生式，因此联着程度较低，较易被掰开。而柏科植物由于种鳞和苞鳞采取全合生方式，因此想要掰开柏科植物的球果会比杉科植物困难得多。

松科共 10 属约 230 种，主产于北半球，为森林的主要树种，亦是重要的造林树种，如松属、云杉属、落叶松属、冷杉属、铁杉属和黄杉属。中国是松科属种最多的国家，10 属均产于中国，其中银杉和金钱松为特有的单种属植物，油杉属也主产于中国。

松科植物最早的化石出现在中生代早侏罗世，白垩纪后属种增加。第四纪随全球性气候变化，种类、数量和分布范围均有变化，繁衍至今，形成了现代的分布格局。迄今在北半球的地层中已经发现了现存属以及绝灭属的各种化石。

在生活中，我们最常见的就是松属植物，在全世界有 100 多种，全是阳性速生树种，除幼苗期间需要些庇荫外，在生长期都喜欢光照和肥沃湿润的土壤。著名的品种有华山松、油松、白皮松、马尾松、巴山松、杜松、华北

落叶松、雪松、云南松、樟子松、湿地松、火炬松等，其中最负盛名的要数那幅苍松迎客图中的华山松了。华山松又名为白松、五须松，在秦巴山区、渭北一些山区丘陵都可栽植，这种松树对土壤适应性强，但对土壤水分要求较严格。华山松较能耐寒，在 −7℃ ~10℃的低温下能正常生长，在 −31℃的低温下也可生长，因此在华山绝顶上一年四季都有苍翠的松树迎客了。华山松树形高大、针叶苍翠、球果累累，是庭园绿化观赏树种和营养丰富的干果树种。

杉 树

杉科植物为常绿或落叶乔木。叶披呈针形、钻形、鳞片状或线形，螺旋状排列，极少交互对生（冰杉属除外）。杉树的球状花为单性，雌雄同株。雄球花小，单生或簇生枝顶或排成圆锥状花序，雄蕊具有 2~9 个花药，花粉无气囊；雌球花珠鳞和苞鳞合生。每珠鳞腹面有 2~9 个直立或倒生胚珠。杉科植物的球果当年成熟后开裂，木质或革质，种子有窄翅。10 属，仅 16 种，分布于北温带。我国有 9 属，14 种，其中杉木属的杉木在我国中部、南部、西南部广为栽培，为重要造林树种。

松树果实

杉科植物中的水杉是世界上珍稀的子遗植物。是我国特有的"活化石"植物之一，是水杉属稀有植物。远在中生代白垩纪，地球上就已出现水杉类植物，并广泛分布于北半球。第四纪冰川

后，这类植物几乎全部绝迹。在欧洲、北美和东亚，从晚白垩世至上新世的地层中均发现过水杉化石。水杉对于古植物、古气候、古地理和地质学以及裸子植物系统发育的研究均有重要的意义。另外，水杉树形优美，树干高大通直，生长迅速，是亚热带地区平原绿化的优良树种，也是速生用材树种。

杉树叶

柏树是柏科植物的通称，这科植物为常绿乔木或灌木。叶小，鳞形或刺形，在枝上交互对生很少锥形而轮生，有时在一株树上兼有鳞叶和刺叶。球花单性，雌雄同株或异株，单生于枝顶或叶腋。球果球形，成熟开裂或肉质合生成浆果状，发育种鳞有1至多个种子，种子周围有窄翅或无翅。柏科共22属，约150种，分布南北两半球。我国有9属，44种，7变种，广布全国。木材具有树脂细胞，无树脂道，纹理直或斜，结构细密，材质好，坚韧耐用，有香气，可供建筑、桥梁、舟车、器具、文具、家具等用材；叶可提取芳香油，树皮可制栲胶。多数种类在造林、固沙及水土保持方面占有重要地位。此外，本科植物中的翠柏、红桧、岷江柏木、巨柏、福建柏、朝鲜崖柏、崖柏等已被列为我国珍稀濒危保护植物。

叶序的类型

簇生：2片或2片以上的叶着生在节间极度缩短的茎上，称为簇生。

互生：在茎枝的每个节上交互着生一片叶，称为互生。

对生：在茎枝的每个节上相对地着生两片叶，称为对生。有的对生叶序的每节上，两片叶排列于茎的两侧，称为两列对生，如水杉。茎枝上着生的上、下对生叶错开一定的角度而展开，通常交叉排列成直角，称为交互对生，如女贞。

轮生：在茎枝的每个节上着生三片或三片以上的叶，称为轮生。

活化石：银杏

在银杏家族里银杏是有名的长寿树，在我国，已经发现了树龄达3000年以上的银杏。3000年前的世界正发生些什么事情呢？在爱琴海上，波斯人正在对希腊发起最后的攻势，显赫一时的希腊风雨飘摇；在中国，武王姬发也在囤积兵力，准备对商都朝歌发起冲锋。试想，这些银杏树从那时便存在于世，经历了多少风雨！

不止活得久，银杏的血统也相当古老，现在发掘出的最古老的银杏化石经过同位素测定，已追溯到了345亿年前的石炭纪。银杏曾广泛分布于北半球的欧、亚、美洲，与动物界的恐龙一样称霸于世，至160万年前，发生了第四纪冰川运动，地球骤冷，绝大多数银杏类植物不幸灭绝，唯有我国自然条件优越，它们才得以奇迹般地存活下来。所以，科学家称它为"活化石"、"植物界的大熊猫"。

银杏也称"白果树"、"公孙树"，属银杏科，落叶乔木。银杏的植株通常比较高大，高可达40米。银杏叶的叶柄细且长，通常3~5枚叶集中生长在一根短枝上。银杏的叶形独特，外观呈扇形，两面淡绿色，在宽阔的顶缘多少具有缺刻或2裂，宽5~8厘米。每逢秋天，叶片变得金黄，远远望去，枝

银杏果实——白果

银杏树叶

繁叶茂的银杏在秋日的暖阳中闪耀着金光，令秋天更不负"金秋"的美名。

银杏的果实也称"白果"，我们不难发现，每逢秋天，有的银杏树上白果累累，而有的银杏树则只有枝繁叶茂。原来，银杏树也分雌雄，它们属于雌雄异株的植物。有时我们会看到银杏的主人或是园林工人会将一些"神奇的"药粉混到水里，然后喷到树上。其实，"神奇的"药粉就是雄性银杏树的花粉，而混到水里朝树上喷洒就是"人工授精"。只有在"人工授精"之后，雌性的银杏树才能结出果实来，而这结出的果实就是白果了。

白果可以食用，但食用过量会导致中毒。银杏的种子呈椭圆形或倒卵形，可以入药，性平，味苦涩，有小毒，具有敛肺定喘的功效，主治痰多喘咳、遗精、带下、小便频繁等症。此外，银杏叶也具有重要的药用价值。到目前为止已知其化学成分的银杏叶提取物达160余种，经试验对冠心病、心绞痛、脑血管疾病有一定的疗效。由于白果的药用价值，古人认为其可养生延年，因此白果在宋代被列为

银杏被称为"植物界的活化石"

皇家贡品，日本人也有食白果的习惯，西方人圣诞节也常备白果。但无论是白果还是银杏叶都有轻微的毒性，多食会引起中毒，因此食用时一定要注意方法得当。

 **知识点**

第四纪冰川

第四纪冰川是地球史上最近一次大冰川期。在地质历史上曾经出现过气候寒冷的大规模冰川活动的时期，称为冰河期。这种冰期曾经有过三次，即前寒武晚期、石炭—二叠纪和第四纪。第四纪冰期来临的时候，地球的年平均气温曾经比现在低10℃～15℃，全球有三分之一以上的大陆为冰雪覆盖，冰川面积达5200万平方千米，冰厚有1000米左右，海平面下降130米。第四纪冰期又分4个冰期和3个间冰期。间冰期时，气候转暖，海平面上升，大地又恢复了生机。

百岁兰

1860年，奥地利植物学家费德里希·威尔维茨基在非洲的安哥拉南部纳米比沙漠中发现了百岁兰这种长相怪异且长命的奇异植物。

百岁兰是裸子植物门百岁兰科的唯一种类，又称千岁叶、千岁兰，是远古时代遗留下来的一种植物"活化石"，分布于安哥拉及非洲热带东南部，生于气候炎热和极为干旱的多石沙漠、干涸的河床或沿海岸的沙漠上。

百岁兰一生只长两片叶，看上去就像由无数叶片堆出来的一座小山丘，其实，它们只是两片数十米长的叶盘绕堆积而成。百岁兰的叶片从基部生长，这两片从茎顶生出并左右分开的革

沙漠中的百岁兰

百岁兰一生只长两片叶

质叶子，匍匐在地上。叶的基部硬而厚，并不断地生长，梢部软而薄，不断地损坏，叶肉腐烂后，只剩下木质纤维，盘卷弯曲。我们看到的上部深绿色部分是新叶，下部黄褐色的部分就是枯萎的部分。这对叶子通常在百年之内都不会凋谢，这也是这种植物名字的由来。

通常，植物都要落叶，即使是常绿植物也不例外，所谓的"松柏常青，永不凋落"，其实是一种误传，松和柏的树叶只是逐渐更替而已，一部分脱落，一部分在新生，所以人们看到它们总是四季常青。只有百岁兰才是真正意义上的一生不落叶，然而其叶落之日也就是它生命终结之时。至今发现最古老的一株百岁兰，竟达 2000 岁高龄。

百岁兰为何能够常年都不凋谢呢？这是因为百岁兰叶子的基部，也就是靠近百岁兰茎顶端的分叉处有一条生长带，位于那里的细胞有分生能力，不断产生新的叶片组织，使叶片不停地增长。叶子前端最老，它或因气候干燥而枯死，或因被风沙扑打而断裂，或因衰老而死去，但由于其基部的生长带没有被破坏，损失的部分很快会被新生部分替补，使人们误以为它的叶子既不会衰老，也不会被损伤。其实我们看到的叶片都是比较年轻的，老的早已消失了。真正不老的部位其实只是那一环具有分生能力的细胞，同时这些细胞也在不断地更新。

百岁兰具有极强的抗旱能力。一是由于它的根系极度发达，深度可达 30 米；二是因为百岁兰生长地

百岁兰具有极强的抗旱能力

通常有海雾出现。和其他大多数植物一样，百岁兰也可通过叶面上的气孔来吸收水分，当雾气出现时，叶面的气孔张开，吸收水分；雾气散去后，气孔随之关闭。虽然大部分凝结在叶面上的水会顺着叶面流入地下，但是植株可以通过气孔直接吸收到其中的一部分。此外，百岁兰的奇特外形也很大限度地帮助植株本身

百岁兰的叶形宽且平，平躺在地面上

保持了水分。百岁兰的叶形宽且平，平躺在地面上，层层堆积，这些叶片所覆盖下的土壤温度既低且能保持一定的湿度，这可以帮助植物在高达65℃的地面温度下生存，并有效地防止了风对土壤的侵蚀。即使在强风之下，叶面仍能坚挺不动，防止了沙漠地区肆虐的风沙对植株的过分侵害。

百岁兰是雌雄异株植物，雌株有大的雌球果，雄株有雄花，每一雄花有6个雄蕊。花粉依靠风传播。一般的雌株可以结60~100个雌球果，种子可以达到10000粒。但是百岁兰的种子极易受到真菌侵染，只有不到万分之一的种子会发芽并且长大成株。这造成百岁兰的分布范围极其狭窄，只有在西南非洲的狭长近海沙漠才能找到。

雌雄异株

雌雄异株是指在具有单性花的种子植物中，雌花与雄花分别生长在不同的株体而言。仅有雌花的植株称为雌株，仅有雄花的称为雄株。有的植物雌株与雄株的染色体组成具有显著的差异。

被子植物：
当今植物进化最高级

BEIZI ZHIWU DANGJIN ZHIWU JINHUA ZUIGAOJI

　　被子植物是植物界最大的门类，具有重要的经济价值，它与人类赖以生存的农、林、牧、副、渔、中医药等方面有密切的关系。此类植物广布于全球，是大多数陆地植被和水生植被的优势物种，也是地球绿色覆盖层及生物多样性的重要组成成分。

　　被子植物的形态多样，大自千年古树，小到肉眼无法识别的浮萍，习性各异，自气候温暖潮湿的热带雨林、四季干热的热带沙漠至气候寒冷、常年积雪的极地及高山地带均可见到它们的踪迹。

　　由于被子植物的胚珠包在心皮内，受到了很好的保护，当胚珠成熟时，由它形成的种子包在果皮内，不易受外界环境的干扰，为下一代的繁衍提供了保障。同时，被子植物种子的各种附属构造有利于其种子传播。因此，被子植物可分布到全球各个气候带。

种类繁多的被子植物

现今，植物界进化程度最高、品种最多的一门便是被子植物。被子植物的心皮包成子房，胚珠生于子房内，胚乳在受精后开始形成，具有真正的花，花的主要部分为雄蕊和雌蕊。此外，还常具有花萼和花冠，花粉粒停留在柱头上，不能直接和胚珠接触，分为双子叶植物纲和单子叶植物纲。据统计，在全世界属于这一门的植物约有 300～450 个科，多达 30 万种，大多数科分布在热带，三分之二的种类纷繁复杂——从草本到木本，从低矮到高大，从喜阴到向阳，如此截然不同的形态、差异巨大的生活习性居然出现在这同一个门内不同植物体上，着实令植物分类学家们伤透了脑筋。

被子植物是诸多门类植物中最后出现的一个门。在此之前，无论藻类、蕨类还是裸子植物，它们的出现都经过了一个种类由少及多的过程，因此古生物学家们可以在研究过程中清晰地辨别出较为原始和较为进化的种群，从而将这些种群按照出现的先后顺序排列，将该门类的植物进化顺序详细列表——这对于研究某一门类植物起源和演化有着极其重要的意义。然而被子植物成为了一个例外。

达尔文是英国著名的博物学家，他在著作《物种起源》中详细阐述了进化论思想。该书从生物与环境相互作用的观点出发，认为生物的变异、遗传和自然选择作用能导致生物的适应性改变。百余年来这一观点在学术界产生了深远影响，然而达尔文对自己的理论也并非完全没有疑问。

按照进化论的核心思想来说，生命

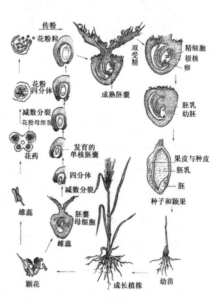

被子植物生活史图

体是在自然条件的影响下，为了适应自然而不断进化的。这是一个生物种类由少及多，从简单向复杂化发展的过程。因而，现在世界上的各种生物，无论牛、马、昆虫，甚至是动物和植物之间都应该有着或亲或疏的联系。而在生物进化的过程中，总会有一些所谓的"过渡型生物"存在，就像现在所公认的鸟类祖先——始祖鸟，或是同时具备动物和植物生活习性的眼虫藻。然而这些所谓的"过渡型生物"并不那么容易被发现。

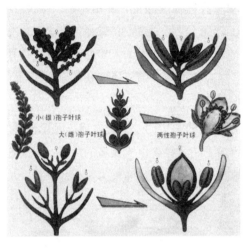

假花学说示意图

在达尔文生活的年代，孟德尔刚刚开始他的豌豆实验，基因的概念还没有诞生，探究生物间亲缘关系的方式只有通过解剖对比，或是找到确切的"过渡型生物"或其化石从而加以说明。解剖学的判定因为当时的知识及技术水平所限，经常不能作为标准。而后一种方式看上去则更加难以实现。由于过渡型生物极少被发现，连达尔文也只能将自己的理论留给后人加以证明了。所幸随着科技的发展，人们也确实一步步地证实了进化论的科学性。

1879年，达尔文曾经致信他的好友约瑟夫·胡克（英国植物学家，英国皇家植物园"丘园"的第二任园长），在信中他把开花植物的迅速崛起称为一个"讨厌的谜"。这里的开花植物指的就是被子植物。另外一个同样让达尔文深感头痛的"谜"就是寒武纪的生物大爆发。这两个谜题有着惊人的相似：在寒武纪，生物种类突然增加，通过地质学家和古生物学家的考察，其间并未发现具备此前简单生物特征的过渡型生物。这两个谜题一同伴随着达尔文走完了余生，而且一度让达尔文对自己提出的进化论产生了怀疑。

据文献记载，在距今14亿年左右的时间，有花植物大面积地出现。要知道，在种类繁多的被子植物出现之前，地球上虽然"绿化度"不低，但多是品种较单一的裸子植物和蕨类植物以及苔藓植物。令人惊奇的是，在很短的时间内，形态各异的被子植物纷纷亮相，并且在事前没有发出任何"信号"（这里的信号是指过渡型生物）的情况下占据了"大片江山"。直到今天，古生物学家还在为寻找最原始的被子植物而努力。

被子植物花

被子植物从哪里来？这个问题在科学界已经被争论了将近200年了，直至今日，还是没有一个统一的答案。其间数位著名的植物学家提出了自己的观点，而这些看上去截然不同的观点又各有其可取之处。

以维兰德为代表的多元论支持者认为被子植物来自许多不相亲的群类，如种子蕨类的苏铁蕨、开通蕨、本内苏铁、银杏、科得狄、松柏类、苏铁……单子叶植物也有多个起源，其中棕榈目是来自种子蕨，纲中的随木类，算起来整个被子植物竟有20多个"祖先"。

哈钦松、塔赫他间、克朗奎斯特为代表的植物学家主张被子植物单元起源论，其理由是：（1）被子植物除了较原始和特化的类群，木质部中均有导管、韧皮部都有筛管和伴胞；（2）雌雄蕊群在花轴上排列的位置固定不变；（3）花药的结构一致，由4个花粉囊组成，花粉囊具有纤维层和绒毡层，花粉萌发，产生花粉管和两个精子；（4）雌蕊由子房、花柱、柱头组成，雌配子体仅为8核的胚囊；（5）具有"双受精"现象，三倍体的胚乳。由于以上几条确实是只有被子植物才具有的特点，因此单元起源论也成为现今大多数科学家所认可的理论。但是，被子植物如确系单元起源，那么它究竟发生于哪一类植物呢？对此，科学家们做了许多推测，比如藻类、蕨类、松杉目、买麻藤目、本内苏铁目、种子蕨等。

这样一来被子植物的分类又出现了问题，有人说被子植物源于裸子植物，因此应将裸子植物和被子植物一同划归到种子植物的行列中，裸子植物和被子植物则分属两个亚门；也有人说被子植物是由蕨类植物进化出的全新物种，应以单独的一科分类。此外，不同的学者在被子植物中不同科植物出现的先后顺序以及亲缘关系上也存在着不小的争论。19世纪以来，许多植物分

被子植物的花

类工作者为建立起一个详尽、科学的分类系统付出了巨大努力。他们根据各自的系统发育理论，提出的分类系统已达数十个。但由于有关被子植物起源、演化的知识不足，特别是化石证据不足，直到现在还没有一个比较完善的分类系统。如今，影响较大的被子植物分类系统是恩格勒系统、哈钦松系统、塔赫他间系统和克朗奎斯特系统。目前，克朗奎斯特系统在世界上最为流行，这是美国植物学家克朗奎斯特于 1968 年在其《有花植物的分类和演化》一书中发表的系统。在 1981 年修订版中，共有 83 目，388 科，其中双子叶植物 64 目，318 科，单子叶植物 19 目，65 科。而后文我们所介绍的不同科植物也将以克朗奎斯特系统作为分类标准。

被子植物的花

1880 年达尔文在研究植物的向光性时发现，对胚芽鞘单向照光，会引起胚芽鞘的向光性弯曲。切去胚芽鞘的尖端或用不透明的锡箔小帽罩住胚芽鞘，用单侧光照射则不会发生向光性弯曲。因此，达尔文认为胚芽鞘在单侧光下产生了一种向下移动的物质，引起胚芽鞘的背光面和向

光面生长速度不同，使胚芽鞘向光弯曲。这就是著名的达尔文向光性实验，这也初步说明了一些植物体会向太阳的方向弯曲的原因。到了 1928 年，荷兰人温特把切下的燕麦胚芽鞘尖放在琼胶块（一种类似于果冻，吸收性好的化学品）上，经过一段时间后，移去胚芽鞘尖把这些琼胶块放置在去尖的胚芽鞘的一边，结果有琼胶的一边生长较快。这个实验证实了胚芽鞘尖端产生的一种物质扩散到琼胶中，再放置于胚芽鞘上时，可向胚芽鞘下部转移，并促进下部生长。后来温特分离出了鞘尖产生的与生长有关的物质，并把这种物质命名

达尔文

为生长素。同时，温特认为生长素在茎部向光面和背光面浓度的不均衡造成了这种茎部不等性的生长结果。

不过，按照达尔文和温特的理论来讲，如果植物体内仅有生长素参与了植株生长的话，那么，就有可能会出现不停生长，甚至直达火星的植物，而现实生活中显然没有这样的例子。显然，达尔文和温特的理论是存在漏洞的。

到了 20 世纪 70 年代，人们通过实验发现，在植物茎部参与生长的激素其实还有一种具有抑制植株生长的激素，科学家将这种物质称为抑制

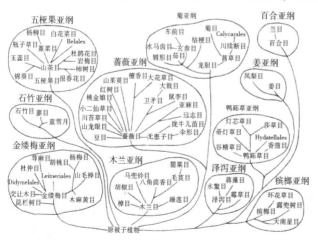

克郎奎斯特有花植物亚纲和目的系统关系图

素。而植物茎部两侧之所以不均衡生长其实是由这种抑制素浓度控制的。科学家们发现，植物茎部的向光面和背光面生长素浓度差别并不大，只是由于向光面的抑制素浓度大于背光面浓度，因此背光面生长较快，植物体就向日光的方向生长了。

其实植物并非只有向光性，除此之外，植物体还具有向重力性、向水性和向肥性，这些特性被统称为植物体的四大向性运动。

植物向性运动是指在外界刺激的方向和诱导所产生运动的方向之间有固定关系的运动。同时，向性运动大多是生长性运动，是不可逆的过程。

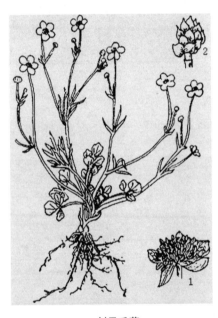

刺果毛茛

1. 花　2. 果实

向性运动是植物体解决自身遇到问题的过程。这其中包括了植物体感受器对外界刺激的感知、植物体内部激素的分泌运输等复杂过程。其实人在解决问题时也是通过自身的感觉器官感知外界情况，之后再对外界环境做出反应的。只不过，人具有了一个特殊的器官——大脑。大脑是用来记忆各种解决方案，同时将这些无数解决方案进行分析并且将之与当前问题关联，最终得到一个最优解决方案，之后再通过大脑协调人体各个器官来执行这条方案；而植物相对于人来说，由于缺少了大脑及随意移动的能力，就无法像人类一样通过多变的方式来处理外界的复杂问题。它只能对几个最关乎自身存亡的因素——光、水以及生长所必需的元素做出一些固定的反应。

然而，我们并不能够由于植物体的低等而小瞧它们。与人类相比，虽说植物体没有智慧的大脑来协调自身运作以及制定抵抗恶劣环境的计划，然而植物却有我们人类绝不敢奢望的身体结构。植物体是经过至少 25 亿年风雨洗礼走到今天的，比动物出现的时间早了 15 亿年。这 15 亿年的经历让植物体的组织结构高度精简，而历经数次严酷自然环境选择的植物，其族群的再生能力以及抗击天灾的能力更是动物所无法企及的；然而动物则是选择使组织结构高度复杂，让个体具有多种功能，从而抵御外界逆境。用形象的比喻来说，动物是以万变应万变，而植物则是以不变应万变。我们并不能将这两种不同的生存方式分出一个高下，毕竟，活到最后才是活得最好的。

进化论

进化论是用来解释生物在世代与世代之间具有变异现象的一套理论。从古希腊时期直到 19 世纪的这段时间，曾经出现一些零星的思想，认为一个物种可能是从其他物种演变而来，而不是从地球诞生以来就是今日的样貌。而当今演化学绝大部分以查尔斯·达尔文的进化论为主轴，已为当代生物学的核心思想之一。

花与被子植物的繁殖

花，在人类世界是美好的象征，或艳丽或清新的花瓣迎风摇曳，或馥郁或清香的味道弥漫在空气中，带给了人们无数对美好的向往与遐想。在节日里人们会将花环戴在头上用以增添喜庆气氛，在求婚时会将玫瑰递到情人面前以博得爱人的欢心。无数与花有关的词语被用在文章中——花团锦簇、花好月圆、花枝招展……从而为文章添加了一抹抹亮丽的色彩。但是，花自诞生之日起，作为一个植物体新型器官、植物界的一个奇迹、植物进化的一个新高峰，花自然也有它本身的责任。

花是被子植物繁衍后代的器官。关于花的诞生，植物学界比较一致的观点倾向于将花当做植物体上一个节间缩短的变态短枝；而现在看来，花的各部分从形态、结构来看，具有叶的一般性质。首先提出这一观点的是德国诗人、剧作家与博物学家歌德，他认为花是适合于繁殖作用的变态枝。这一观点得到了化石记录以及很多系统发育与个体发育证据的支持，并且能较好地解释多数被子植物花的结构，因而沿用至今。

花是被子植物繁衍的器官

一朵完整的花包括了六个基本部分，即花梗、花托、花萼、花冠、雄蕊群和雌蕊群。其中花梗与花托相当于枝的部分，其余四部分相当于枝上的变态叶，常合称为花部。花部中四部俱全的花称为完全花，缺少其中的任何一部分则称为不完全花。如南瓜花、黄瓜花，它们缺少雄蕊或雌蕊；桑树花、栗树花缺花瓣、雄蕊或雌蕊；杨树花、柳树花缺萼片、花瓣、雄蕊或雌蕊。另外，在一朵花中，雄蕊和雌蕊同时存在的，叫做两性花，如桃、小麦的花；只有雄蕊或只有雌蕊的，叫做单性花，如南瓜、丝瓜的花；雌花和雄花生在同一植株上的，叫做雌雄同株，如玉米；雌花和雄花不生在同一植株上的，叫做雌雄异株，如桑。

花本身只是植物用来繁衍后代的器官，雄花负责传播花粉，雌花负责接收花粉，孕育后代。

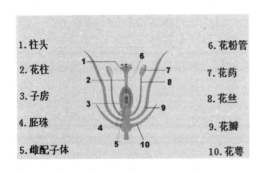

1. 柱头
2. 花柱
3. 子房
4. 胚珠
5. 雌配子体
6. 花粉管
7. 花药
8. 花丝
9. 花瓣
10. 花萼

花的结构

根据进化的观点来看，早期的花其实是植物枝条的一个变态结构，花部部分应该同叶的结构非常相似，它的细胞中应该具有叶绿素，呈现绿色；花粉传播的方式也应该比较原始，是通过风力传播的，这相对于藻类和蕨类等低等植物来说，已经先进不少了。我们称这种利用风力作为传粉媒介的花为风媒花，如玉米和杨树的花。然而风媒的传粉方式却有它自身的缺点。

风媒花一般小而不鲜艳，花被常退化或不存在，也没有香味和蜜腺。但它产生的花粉数量特别多，而且表面光滑，干燥而轻，便于被风吹到相当高与相当远的地方去。

有些风媒花的柱头会分泌黏液，便于粘住飞来的花粉；稻、麦等花的柱头分叉，像两只羽毛，这样可以增加接受花粉的机会；有些花序细软下垂或花丝细长以及花药悬挂花外，随风摆动，这样就有利于花粉从花粉囊里散落出去；有些风媒花的花被退化，有利于传粉时减少阻碍；还有些落叶的木本植物，有先花后叶的特性，可使传粉时花粉不受叶片的阻碍。这些，都是风媒花在长期的进化中发展起来的。依靠风力传粉的植物约占有花植物的五分之一，被子植物的杨柳科、禾本科等都是风媒植物。

风，可以说是无处不在，而通过风力传播花粉的植物也就拥有了广大的生存空间。然而风本身并没有生命，它不可能与植物进行类似于"共生"这种生物体间才能进行的高级交流。也就是说，风媒传粉不是一个精密准确的过程，它只是随机地将雄花的花粉传播出去，而不能确保花粉能顺利到达雌花，大多数时候，

花让人们领略缕缕香气

这些花粉只能随风飘散而已，效率非常低，所以通常风媒植物在地球上覆盖面积可能很大，然而是点状分布的。

表面上看来，花完全没有必要将自己变得如此五彩斑斓，那么是什么原因让花打扮自己的呢？

由于风是自然界最多变的，想靠风精确地把花粉传给雌性花难度也就变得相当大了。于是被子植物们改造了自己的生殖器官，五颜六色、气味

芬芳、内藏花蜜的各种花朵产生了。于是，昆虫们因为对颜色、花蜜特别喜爱便勤劳地在这些花上面飞来飞去采集蜜源，花粉也就更加精确地传播于雄蕊和雌蕊之间了。我们将这种靠昆虫传播花粉的植物称为"虫媒传粉植物"。

存在于我们周围的那些姹紫嫣红、形态各异的花大多属于虫媒传粉。一般虫媒花多具有美丽的花瓣、发达的蜜腺和较强的香味，花粉有黏液、黏丝、凸起等，这种结构很容易附着在昆虫身体上。

我们一般认为虫媒花是晚于风媒花出现的。由于昆虫是有生命的，所以它们有可能同花达成一种"共生"的默契，此后但凡有花的地方，也大都会有昆虫存在；这样，花儿们就不用为花粉无法传播而发愁，昆虫们也同样不用为自己的"口粮"而四处奔波了。

花的真正责任是生育后代

也正由于此，昆虫们为了生计，会勤奋地在花朵间穿梭摄取蜜源，虫媒传粉的效率和精度也就被大大提高了。

然而，作为生命体，就有了体力的限制，昆虫并不可能跨海越洋地长途飞行，它们通常会在一个适合自己生长的地方集中生活，因此虫媒花的分布也通常较为集中，在地球上呈片状分布。

花之所以受到昆虫的关注，一是因为花色，二是花香，三是花蜜。花色是因为花被细胞的液泡中具有花青素。花的香气来自薄壁组织中的许多油细胞，油细胞能分泌出有香气的芳香油，芳香油很容易扩散到空气里，当这些芳香油在空气中扩散后，送到我们鼻子里，就会让我们领略到缕缕香气了。而花蜜则是由蜜腺分泌的。这三个特点很可能是原始的花随机进化而来，并非是有意而为。但是由于这种进化结果受到了昆虫大军热烈的欢迎，而在昆虫大军摄取蜜源的同时，二者间还建立了紧密的合作关系。同时香味越浓、颜色越美的花瓣越受昆虫喜爱，传粉的效率也越高。所以也就有了

"争奇斗艳"之说。可以说，花朵的美丽和芬芳完全是由于昆虫有目的地选择的结果。

花的真正责任只是用来生育后代，而它的鲜艳也不过是提高繁殖效率的工具而已。不过这个工具的使用的确很见成效。它将原本"粗放式"的风媒方式变成了现在"精细操作"的虫媒方式。可以说，花的产生使得植物体的生活方式更加"经济"和"高效"。

子 房

子房是在被子植物雌蕊中分化雌性生殖细胞的部分，为一至数枚心皮的、边缘以围卷状态愈合的囊状器官。一般心皮的边缘进一步卷入成为胎座，着生有相当于大孢子囊的胚珠，在内表皮上也能形成胚珠。子房壁由角质化的表皮和许多薄壁细胞及维管束等构成。每一枚心皮的背侧有主脉，由此分出叶脉状细脉。相当于卷入的两叶缘的部分也分化有单条维管束。

草本被子植物

香莳萝

香莳萝亦称茴香，伞形花科莳萝属一年生或二年生。植株高约50厘米，夏季开花、花小，淡黄色，花期较短。原产于地中海沿岸地区及印度一带，据说是唐朝经丝绸之路传入我国。

香莳萝富含芳香油，茎、枝、叶均有香味，种子尤浓。据测，绿叶中含莳萝精油0.15%，而在果实中含油高达3%～4%。经分析，精油中含有茴香酮、柠檬萜、水芥菜萜等成分，可杀菌灭菌，预防上呼吸道感染。此外，莳萝精油还有健脾、开胃、消食以及镇静、治失眠等功效。

香莳萝

香莳萝含有丰富的维生素、蛋白质、草酸钙、矿物质、微量元素等，它的青苗和嫩叶可做蔬菜食用，素炒或凉拌均别有风味，也可将其切碎放置于鱼、肉、蛋等荤菜上，既去腥气，又添香味，色香俱佳，是家居和酒席上的常用菜。

香莳萝多生长在温热湿润的环境，但不耐高温干燥，也不耐寒冷，生长适温为15℃~25℃。

薰衣草

薰衣草又名拉文达，是一种馥郁的紫蓝色的小花，又名"香水植物"。原产地中海地区，性喜干燥，花形如小麦穗状，有着细长的茎干，花上覆盖着星形细毛，末梢上开着小小的紫蓝色花朵，窄长的叶片呈灰绿色，成株时高可达90厘米，通常在六月开花。每当花开风吹起时，一整片的薰衣草田宛如深紫色的波浪层层叠叠地上下起伏着，甚是美丽。

中古时期，薰衣草在西欧社会里已被医疗单位广泛地使用。在当时，薰衣草的杀虫抗菌效果早被肯定。以前的人通常把薰衣草香包放在橱柜中，借以驱虫。罗马人盛赞其抗菌力，用薰衣草来泡澡和清洁伤口。

薰衣草

薰衣草属唇形科芳香植物，因为它的气味芬芳怡人，是药草园中最受喜爱的一种，素有"芳香药草之后"的称誉。由于它的香气浓郁，令人感到安宁镇静，具有洁净身心的功效，古罗马人经常使用薰衣草来沐浴薰香，希腊人则将薰衣草用来治疗咳嗽。

马蹄莲

马蹄莲原产非洲南部的河流或沼泽地中。性喜温暖气候，不耐寒，生长适温20℃左右；喜湿润环境，不耐干旱。冬季需充足的光照，光线不足着花少，稍耐阴；喜疏松肥沃、腐殖质丰富的沙质壤土。其休眠期随地区不同而异。在我国长江流域及北方栽培，冬季宜移入温室，冬春开花，夏季因高温干旱而休眠；而在冬季不冷、夏季不干热的亚热带地区全年不休眠。

马蹄莲又名水芋，像慈如那样的花，是天南星科多年生宿根草本植物。马蹄莲，花叶俱佳，有较高的观赏价值。其叶柄长而粗壮，叶片呈戟形，碧绿有光泽，青翠挺拔；花形奇特，为佛焰花序，呈漏斗状或马蹄状，故名马蹄莲。

洁白晶莹的马蹄莲，让人感觉到圣洁的宁静。它那像花瓣的大苞叶将黄色的穗花序环绕其中。花冠很小，其含蓄地挤挨在中央的花柱上，散发着微香。而花苞却很张扬地大开着，以至于大多数人都把它当成是花瓣，其实它只是变了形的一片叶子。

马蹄莲

马蹄莲还有一个很美的名字叫"观音莲"，在一丛青翠的叶片中，盛开着青翠可人的洁白花朵，似身着白衣的仙子亭亭玉立，微风过处，叶片轻动，花朵含首，恰如南海观音踏浪而来。在暑热严严的夏日里，如果有这样清新雅致的花姿可赏，会令人暑气顿消，烦躁的心情平静下来。

兰　花

兰花是珍贵的观赏植物。其朴实无华，叶色长青，叶质柔中有刚，花开幽香清远，发乎自然，居"花草四雅"之首。因此人们将兰花尊为"香祖"、"国香"、"天下第一香"。兰花原生于深山幽谷之中，不为无人而不芳，不因清寒而萎缩，故有"花中君子"之誉。兰花，叶态优美，花姿娇媚，香馥幽异，是我

兰　花

国名贵花卉之一。所以，我国人民一直非常喜爱兰花，总结积累了不少养兰经验，如"春不出，夏不日，秋不干，冬不湿"和《养兰中诀》。据不完全统计，目前全世界有七百多个属、两万多个种，每年还发现和培养出不少新品种。

兰花属兰科植物，在被子植物中仅次于葡科植物。兰花以它美丽的外表和芬芳的气味成为全世界最受欢迎的一种观赏植物，尤其在日本，每年都会开一次兰花展，专门展示这些珍奇花卉。兰科植物几乎都靠昆虫传粉，而且它们被认为是虫媒传粉的最高级类型，3 枚花瓣中有1 枚演化成了唇瓣，并呈水平方向伸展成一个"降落平台"，便于昆虫的起降，另第 2 枚花瓣和第 3 枚花萼尽量向四周展开，以便不妨碍昆虫采蜜。雄蕊与雌蕊长在一起，生成合蕊柱。

兰花也是观赏植物

对有些不能散发香味的兰花来说，它们花朵的结构另有绝妙之处。它们的花朵外形与给它们传粉的雌性昆虫非常相似，而且能散发与雌性昆虫分泌的雌性信息素相似的化学物质，诱使许多"痴情郎君"来与这些花朵交配，雄虫发现上当受骗时，身上已沾满了花粉，等雄虫再次飞到另一朵"佳偶"上时，花粉就被传播了。

兰花浓香远溢而持久

兰花喜欢温暖潮湿、日照时间短、无煤烟尘埃污染的环境及深厚、疏松肥沃、透水良好的微酸性土壤。兰花一般采用分株法繁殖，也有用嫁接法繁殖的。

兰花单生或成总状花序开于茎顶，其中两"肩"上耸呈蝴蝶翅膀状者为名贵品种。如蝴蝶兰，花如其名，花似蝴蝶般轻灵飘逸，活泼可爱。在众多美丽的兰科植物中，蝴蝶兰独得"兰花之后"的美誉。

中国兰花主要为春兰、蕙兰、建兰、寒兰、墨兰五大类，有上千种园艺品种。

兰花代表高贵与雅致

春兰：春兰又名草兰、山兰。春兰分布较广，资源丰富。花期为每年的二三月，时间可持续 1 个月左右。花朵香味浓郁纯正。名贵品种有各种颜色的荷、梅、水仙、蝶等瓣型。从瓣型上来讲，以江浙名品最具典型。

蕙兰：蕙兰根粗而长，叶狭带形，质较粗糙、坚硬，

苍绿色，叶缘锯齿明显，中脉显著。花朵浓香远溢而持久，花色有黄、白、绿、淡红及复色，多为彩花，也有素花及蝶花。

建兰：建兰也叫四季兰，包括夏季开花的夏兰、秋兰等。四季兰健壮挺拔，叶绿花繁，香浓花美，不畏暑，不畏寒，生命力强，易栽培。不同品种花期各异，5－12月均可见开花。

寒兰：寒兰分布在福建、浙江、江西、湖南、广东以及西南的云、贵、川等地。寒兰的叶片较四季兰细长，尤以叶基更细，叶姿优雅潇洒，碧绿清秀，有大、中、细叶和镶边等品种。花色丰富，有黄、绿、紫红、深紫等色，一般有杂色脉纹与斑点，也有洁净无瑕的素花。萼片与花瓣都较狭细，别具风格，清秀可爱，香气袭人。

墨兰：墨兰又称报岁兰、拜岁兰、丰岁兰等，原产于我国广东、广西、福建、云南、台湾、海南等。我国南方各地特别是广东、云南的养兰人最喜欢栽培与观赏。

百合花

花姿婀娜、花香袭人的百合花是世界名花之一。世界野生百合约有九十多种，我国是世界百合起源的中心，据调查我国约有原产百合46种，18个变种，占世界总数的一半以上，其中的36种15个变种为我国特有。南平市就有16种，其中野生百合5种、变种1种、变异10种。在山区遍地野生的就有橙红色的卷丹和白色的野百合两种，是我国宝贵的种植资源。美国、法国及荷兰的花卉育种专家多次来南平考察百合花，称赞这些品种是世界上少有的优良品种，具有区域特色和发展潜力。

百合花

百合花之美，是一种纯洁自然、清雅脱俗的美。依其品种不同，花型、色彩千变万化。麝香百合花色洁白，似淑女垂首，摇曳生姿；姬百合娇柔美艳，活泼可人，充满朝气；山百合花姿轻盈，秀美端庄，大方而自然。近年来，随着育种技术的不断发展，百合品种越来越多，如卡萨布兰卡、天使之梦等新品种的花朵越发美艳动人，高贵中不失俏丽，典雅中不失活泼。

百合花种类众多，是显花植物中种类最多的大家族之一。百合花由内侧的3片花瓣和外侧的3片花萼共同组成，但由于它们长相几乎难以区分，所以我们统称为花被。花被上的斑点是吸引昆虫前来采蜜授粉的显眼标志。百合花不仅花美，让人赏心悦目，而且有许多品种的鳞茎可供食用和药用。

我国人民对百合花怀有深厚的感情，古人把百合、柿子和如意摆放在一起，寓意"百事合心"。在喜庆的日子里，人们互赠百合花，表示良好的祝愿。送给新婚夫妇一束百合花，就是祝福他们百年好合，白头到老。

百合花，是一种从古到今都受人喜爱的世界名花。它原来出产于神州大地，由野生变

百合纯洁自然，清雅脱俗

成人工栽培已有悠久历史。早在公元4世纪时，人们只作为食用和药用。至南北朝时期，梁宣帝发现百合花很值得观赏，他曾诗云："接叶多重，花无异色，含露低垂，从风偃柳。"赞美它具有超凡脱俗、矜持含蓄的气质。至宋代种植百合花的人更多。大诗人陆游也利用窗前的土丘种上百合花。他也咏曰："芳兰移取遍中林，余地何妨种玉簪。更乞两丛香百合，老翁七十尚童心。"时至近代，喜爱百合花者也不乏人。昔日国家名誉主席宋庆龄平生对百合花就深为赏识，每逢春夏，她的居室都经常插上几枝。当她逝世的噩耗传出后，她生前的美国挚友罗森大夫夫妇，立即将一盆百合花送到纽约的中国常驻联合国代表团所设的灵堂，以表达对她深切的悼念。

在西方，百合花被誉为"天堂之花"、"圣母之花"，是纯洁、光明、自由、幸福的象征。复活节那天，洁白美丽的百合花是装饰圣坛必不可少的花，是献给圣母玛利亚的花。耶稣曾手持百合花，作为给信徒们的礼物，因为它象征了纯洁与忠贞。法国人尤其喜爱百合花，奉其为国花。相传法国第一个国王在接受洗礼时，上帝赠与他的礼物就是一束洁白的百合花。

芍 药

"红红白白定谁先，袅袅娉娉各自妍。最是倚栏娇分外，却缘经雨意醒然。晚春早夏浑无伴，暖艳暗香正可怜。好为花王作花相，不应只遣侍甘泉。"古人认为"群花品中以牡丹为第一，芍药为第二"，故芍药有"一花之下，万花之上"的"花相"美称。芍药是春天百花园的压台好花，每当春末夏初，红英将尽，花园显得有点儿寂寞的时候，芍药正含苞欲放。要是适巧碰上一夜轻雨，清晨便会见芍药花烁烁盛开，婷婷婀娜，翠叶如玉；花朵如冠，如碗，如盘，如绣球；色彩斑斓，清香流溢，笑靥迎人，点缀在绿叶丛中，将寂寞的花园装扮得生机无限。芍药兼具色、香、韵三者之美，历代诗人为之倾倒，留下了许多脍炙人口的诗篇。苏轼写过"多谢花工怜寂寞，尚留芍药殿春风"的诗句。唐代韩愈写有七言绝句："浩态狂香昔未逢，红灯烁烁绿盘龙。觉来独对情惊恐，身在仙宫第九重。"这里充分表达了作者为芍药的美态所陶醉，仿佛置身于天堂之中的情感。

芍 药

原产我国北部的芍药，在古代以扬州为盛地，现几乎遍及全国各地。芍药为毛茛科多年生宿根草本花卉。叶是二回三出羽状复叶，小叶有椭圆形、狭卵形、披针形等，叶端长而尖，全缘微波，叶面有黄绿色、绿色和深绿色等，叶背多粉绿色，有毛或无毛。花一般独开在茎的顶端或近顶端叶腋处，花瓣 5～10 枚，花色有白、黄、绿、红、紫、混合色等多种。

芍药耐寒，北方各省都露地越冬，夏季喜欢冷凉气候。栽植于阳光充足的地方，生长旺盛，花多而大，如在稍阴处虽亦可开花，但生长不良。芍药要求土层深厚、排水良好、疏松肥沃的沙质土壤。黏质土、盐碱土、瓦砾土均不宜，潮湿低洼之地也不宜。

芍药为毛茛科多年生宿根草本花卉

芍药的用途很广，最重要的是作露地宿根花卉用。常以芍药成片种植于假山石畔来点缀景色。它对氟化氢气体反应灵敏，可用来监测氟化氢气体。芍药的根可入药，是重要的药材。有养血敛阴、平肝止痛、活血通经、凉血散瘀之功效。

菊 花

菊花是我国十大名花之一，菊和兰、梅、竹一起以其各自独具特色的花、姿、色、韵，被称为花中"四君子"。菊花姿色俱佳，在北京有着悠久的栽培历史。元、明时期民间养花就以菊花为主，而北京传统艺菊的水平也很高，并且傲霜凌寒不凋，具有北京人的性格，因此北京把菊花选定为市花。在我国同样把菊花选定为市花的还有太原、南通、芜湖、开封、湘潭、中山、德州等城市。

菊花在古代写作"鞠"，菊花身姿为低头鞠躬式，在古代食其米，把米"鞠"起来，花朵十分紧凑，因此叫菊花。菊花是我国传统名花之一，赏菊历史悠久，名称多多。古代赏菊是从菊花的实用性开始的，中国古书记载菊花的"苗可以菜，花可以药，囊可以枕，酿可以饮，所以高人隐士篱落畦圃之

菊 花

间，不可一日无此花也"。在明代李时珍的《本草纲目》载有"利五脉，调四肢，治头目风热，脑骨疼痛，养目血，去翳膜，主肝气不足"的功效。菊花因有延年益寿的药用功能，因此得名寿客、傅延年；因菊花在农历九月开放，又名九华、九花、秋菊；因菊花美丽而名女茎、帝女花；古代菊花品种单一，只开黄花，因此又称为"黄花"、"金蕊"。

菊花原产于我国，我国是世界菊花的起源中心，分布有较多的野生菊花。我国栽培菊花已有三千多年的历史，早在古籍《礼记》中就有"季秋之月，菊有黄花"的记载。汉代以将菊花作为药用植物栽培，魏晋时期已大量栽培，以后逐步发展为观赏花卉。宋代是菊花发展的鼎盛时期，宋代刘蒙泉所著的《菊谱》收有菊花品种163个，这是我国最早的菊花专著。明代王象晋所著的《群芳谱》收录菊花品种270多个。世界上许多国家的菊花都是由我国传去的。在公元386年我国菊花由朝鲜传入日本，至今已有1600多年的历史，日本栽培的菊花已成为四季常开、品种繁多的花卉。17世纪末叶，荷兰人来我国经商，将菊花带回欧洲。18世纪中叶，法国商人又从我国搜集许多优良品种，引种到了法国。19世纪英国植物学家福均，将我国和日本优良菊种进行杂交，在英国广泛传播，后来又从英国传入美洲。现在菊花已遍布全球，成为了全世界人民所

菊花被誉为"花中君子"

喜爱的名花，为古今中外花卉的奇观。

　　菊花为多年生宿根草本植物，人们通过人工栽培、杂交育种和自然变异，菊花从原始的黄色小菊演进为今天这样五彩缤纷的著名花卉。明末时菊花谱记载品种有 14 种，清朝时增至 24 个品种，民国时根据花瓣形状把菊花分为 10 大类。目前植物分类学记载全世界有菊科植物 920 属，19000 种，中国目前拥有 3000 多个菊花品种，在园艺上从其花色上分有黄、白、紫、绿等色，并有双色种；从花形上分有单瓣、复瓣、扁球、球形、外翻、龙爪、毛刺、松针等形；从栽培方式上分有立菊、独本菊、大立菊、悬崖菊、花坛菊、嫁接菊；从花期上分有春、夏、秋、冬、四季菊等。据《本草纲目》记载："菊之品凡百种，宿根自生，茎叶花色，品品不同……其茎有株蔓紫赤青绿之殊，其叶有大小厚薄尖凸之异，其花有千叶单叶、有心无心、有子无子、黄白红紫、间色深浅、大小有别，其味有甘甜之别，又有夏菊、秋菊、冬菊之分。"

花坛菊

　　菊花品种繁多，那么栽培菊花如何选择其品种呢？曾有人总结出选择菊花的四字诀：光、生、奇、品。大意是："光"意为花要哗然鲜艳，自开至落不变色；"生"意为枝茎挺秀，始终不垂；"奇"意为花瓣色泽风采，矫然出众；"品"意为标新立异的风格，自有一种天然的神韵。

月　季

　　月季为植物分类学中蔷薇科蔷薇属的植物，是野生蔷薇的一种。野生蔷薇经过人们对它长期的人工栽培和品种选育工作，最后培育出在一年中能反复开花的蔷薇，即月季。月季因月月季季鲜花盛开而得名。别名有月季花、

月 季

月月红、斗雪红、长春花、四季花、胜春、瘦客等。在1986年与菊花一起被选定为北京市的市花，初步统计在我国选定月季为市花的城市还有天津、大连、锦州、西安、长治、石家庄、邯郸、邢台、沧州、廊坊、济宁、青岛、威海、郑州、商丘、漯河、淮阳（县）、驻马店、焦作、平顶山、三门峡、新乡、信阳、随州、宜昌、恩施、娄底、邵阳、衡阳、南昌、鹰潭、吉安、新余、芜湖、安庆、蚌埠、阜阳、淮南等38个城市。

月季花姿秀美，花色绮丽，花大色美，按月开放，四季不断，历来深受各国人民喜爱，素有"花中皇后"的美称。在花卉市场上，月季、蔷薇、玫瑰三者通称为玫瑰。用作切花的玫瑰实为现代品种月季，因此，称它为玫瑰不如称它为月季更为准确。月季在各种礼仪场合是最常用的切花材料。在花语中，红月季表示纯洁的爱，热恋或热情可嘉、贞节等，人们多把它作为爱情的信物，爱的代名词，是情人节的首选花卉，红月季的蓓蕾还表示可爱；白月季寓意尊敬和崇高。在日本，白玫瑰（月季）象征父爱，是父亲节的主要用花；粉红月季表示初恋；黑色月季表示有个性和创意；蓝紫色月季表示珍贵、珍稀；橙黄色月季表示富有青春气息、美丽；黄色月季表示道歉（但在法国人看来是妒忌或不忠诚）；绿白色月季表示纯真、俭朴或赤子之心；双色月季表示矛

月季被誉为花中皇后

盾或兴趣较多；三色月季表示博学多才、深情。

月季原产于我国，有两千多年的栽培历史，相传神农时代就有人把野月季挖回家栽植，汉朝时宫廷花园中已大量栽培，唐朝时更为普遍。由于我国长江流域的气候条件适于蔷薇生长，所以我国古代月季栽培大部分集中在长江流域一带。中国的六朝南齐（497—501 年）诗人谢朓有《咏蔷薇》诗句描述蔷薇花为红色。而古代月季的栽培，见之记载的则要比蔷薇晚二三百年左右。宋代宋祁著《益都方物略记》记载："此花即东方所谓四季花者，翠蔓红花，属少霜雪，此花得终岁，十二月辄一开。"那时成都已有栽培月季。明代刘侗著《帝京景物略》

月季栽培历史悠久

中也写了"长春花"，当时北京丰台草桥一带也种月季，供宫廷摆设。在李时珍（1550 年）所著的《本草纲目》中有药用用途的记载，但我国记载栽培月季的文献最早为王象晋（1621 年）的二如堂《群芳谱》，他在著作中写到"月季一名'长春花'，一名'月月红'，一名'斗雪红'，一名'胜红'，一名'瘦客'。灌生，处处有，人家多栽插之。青茎长蔓，叶小于蔷薇，茎与叶都有刺。花有红、白及淡红三色，逐月开放，四时不绝。花千叶厚瓣，亦蔷薇类也。"由此可见在当时月季早已普遍栽培，成为处处可见的观赏花卉了。这比欧洲人从中国引进月季的记载早了一百六十多年。到了明末清初，月季的栽培品种就大大增加了，清代许光照所藏的《月季花谱》收集有 64 个品种之多，另一本评花馆的《月季画谱》中记载月季有 109 个品种。清代《花镜》一书（1688 年）写道："月季一名'斗雪红'，一名'胜春'，俗名'月月红'。藤本丛生，枝干多刺而不甚长。四季开红花，有深浅白之异，与蔷薇相类，而香尤过之。须植不见日处，见日则白者一二红矣。分栽、扦插俱可。

但多虫蠹，需以鱼腹腥水浇。人多以盆植为清玩。"这已简单说明了栽培繁殖月季的主要原则。并可看出有白色月季遇日光变红的品种，类似当今栽培的某些现代月季品种。由于从1840年的鸦片战争开始到新中国建立，中国大多时间处于战乱年代，民不聊生，中国的本种月季在解放初期仅存数十个品种在江南一带栽种。

月季按月开放，四季不断

据《花卉鉴赏词典》记载，月季于1789年（中国的朱红、中国粉、香水月季、中国黄色月季等四个品种）经印度传入欧洲。当时正在交战的英法两国，为保证中国月季能安全地从英国运送到法国，竟达成暂时停战协定，由英国海军护送到法国拿破仑的妻子约瑟芬手中。自此，这批名贵的中国月季经园艺家之手和欧洲蔷薇杂交、选种、培育，产生了"杂交茶香"月季新体系。其后，法国青年园艺家弗兰西斯经过上千次的杂交试验，培育出了国际园艺界赞赏的新品种"黄金国家"。此时，正值第二次世界大战爆发，弗兰西斯为保护这批新秀，以"3—35—40"代号的邮包，投机寄到美国。又经过美国园艺家培耶之手，培育出了千姿百态的珍品。1945年4月29日，美国为欢庆德国法西斯被彻底消灭，就从这批月季新秀中选出一个品种定名为"和平"。1973年，美国友人欣斯德尔夫人和女儿一道，带着欣斯德尔先生生前留下的对中国人民的深情，手捧"和平"月季，送给毛泽东主席和周恩来总理。从此，这个当年远离家乡的"使者"，经历了两百年的发展变化，环球旅行一周后，又回到了它的故乡——中国。

月季被欧洲人与当地的品种广为杂交，精心选育。现在欧美各国所培育出的现代月季达到一万多个品种，栽培月季的水平远远领先于我国，但都是欧洲蔷薇与中国的月季长期杂交选育而成的，因此中国月季被称为世界各种月季之母。

康乃馨

康乃馨又名香石竹，属石竹科一年生草本植物，全株呈灰绿色，茎节膨大，披针形的叶片对生，花萼呈圆筒体，花瓣很多，边缘有深裂，呈锯齿状，颇似"王冠"。其英文名字 carnation，就是"王冠"之意。康乃馨的花色非常丰富，有红、黄、白、粉红、紫、镶边等多种颜色。

康乃馨的出名得益于 1934 年 5 月美国首次发行母亲节邮票。邮票图案是一幅世界名画，画面上一位母亲凝视着花瓶中插的石竹，邮票的传播把石竹花与母亲节联系起来。于是西方人也就约定俗成地把石竹花定为母亲节的节花。每当母亲节这一天，母亲健在的人佩戴红石竹花，并制成花束送给母亲。而已丧母的人，则佩戴白石竹花，以示哀思。世上没有无母之人，康乃馨也就成了无人不爱之花。康乃馨因母亲节而蒙上一层慈母之爱色彩，成为献给母亲不可缺少的礼物。

康乃馨引入我国，算来已有百年之久。据传，1900 年英国人罗埃斯在上海南京路外滩开了个"大英花店"，主要销售康乃馨，属独家经营。可是到了1920 年，他发现中国人开的花店也卖康乃馨，便勃然大怒，告上法庭。开庭那天，罗埃斯傲气十足地说，中国没有康乃馨，是他从国外买来的，应享有专利，中国人卖的康乃馨肯定是从他那里偷来的，要求惩办中国花店。中国律师问他："你卖的康乃馨是摘下的花朵，还是有叶有芽的花枝？"罗说："全是卖的花枝。"

康乃馨

中国律师说："你卖了花枝，收了钱，买方有权利将买的花枝扦插繁殖，怎能说是偷窃？"罗无言以对。法庭宣判，大英花店败诉。

康乃馨，这种体态玲珑、斑斓雅洁、端庄大方、芳香清幽的鲜花，随着母亲节的兴起，正日益风靡世界，成了全球销量最大的花卉。给母亲营造了温馨，祝母亲健康平安。

康乃馨也是生肖属马和属羊的朋友的幸运花。

水　仙

水仙别名金盏银台，花如其名，绿裙、青带，亭亭玉立于清波之上。素洁的花朵超尘脱俗，高雅清香，格外动人，宛若凌波仙子踏水而来，故有"凌波仙子"的美称。水仙花语有两说：一是"纯洁"，二是"吉祥"。

水仙为我国十大名花之一，我国民间的清供佳品，因水仙只用清水供养而不需土壤来培植。每过新年，人们都喜欢清供水仙，点缀作为年花。其根，如银丝，纤尘不染；其叶，碧绿葱翠传神；其花，有如金盏银台，高雅绝俗，婀娜多姿，清秀美丽，洁白可爱，清香馥郁，且花期长。这珍贵的花卉早已走遍大江南北，远渡重洋，久负盛名，誉满全球。它带去了我国的春天，我国人民的情谊和美好的心愿，赢得了"天下水仙数漳州"之美称。

中国水仙花属石蒜科、水仙属多年生草本植物，鳞茎生得颇像洋葱、大

水　仙

蒜，故六朝时称"雅蒜"，宋代称"天葱"。之后，人们还给它取了不少巧妙、美丽的名字，如金盏、银台、俪兰、雅客、女星等。这里有着许多关于水仙花优美动人的民间故事和传说。

水仙花主要有两个品种：一是单瓣，花冠色青白，花萼黄色，中间有金色的冠，形如盏状，花味清香，所以叫"玉台金

盏"，花期约半个月；另一种是重瓣，花瓣十余片卷成一簇，花冠下端轻黄而上端淡白，没有明显的副冠，名为"百叶水仙"或称"玉玲珑"，花期约20天左右。水仙花分布的范围极小，只在漳州八大胜地之一的园山东麓一带，因它具有得天独厚的条件：园山挡住了烈日，

水仙有"凌波仙子"的美称

园山在斜影所及的地方日照较短，为水仙花栽培创造了有利的条件。当地有歌云："园山十八面，面面出王侯，一面不封侯，出了水仙头。"

每年春节，能工巧匠们创作出水仙盆景雕刻艺术，且能依照人们的愿望，在预定的期间里开放，给节日、寿诞、婚喜、迎宾、庆典增添了不少光彩。那样栩栩如生，生机盎然，耐人寻味。怪不得人们赞誉水仙一青二白，所求不多，只清水一盆，并不在乎生命短促，不在乎刀刃的"创伤"，不在乎严寒的"凌辱"，始终洁身自爱，带给人间的是一份绿意和温馨。

仙客来

仙客来别名一品冠、兔子花、僧帽花、萝卜海棠等。报春花科、仙客来属。原产欧洲南部及地中海附近，性喜温柔、湿润、凉爽、荫蔽环境，但忌过湿。要求栽培地富含腐殖质及石灰质且排水良好。

仙客来为多年生球茎草本植物。球茎肉质，呈扁圆形块状或球状，紫黑色，球茎底部密生须状根；叶自茎顶生出，呈丛生状，叶柄呈紫红色。叶呈卵圆状或心脏形，叶面绿色，多数有白色斑纹，叶背紫色，叶缘有锯齿或浅波状缺刻，花单生，下垂，花被向上翻卷，似兔耳，花梗细雨长。花有白、粉红、淡紫、深紫、橙黄、橙红等色，基部常有深红、深紫色斑点。蒴果球

仙客来是人们最喜爱的盆栽花卉

形，内含种子。花期自秋至春。

仙客来主要以播种繁殖，也可分割球根，播种繁殖春秋均可。一般在9－10月进行。播种前用24摄氏度温水浸种12～24小时，以1～2厘米的间距点播或务插，覆土5毫米左右。放置在18℃～20℃黑暗处，2周可生根，4～6周生出子叶一枚，即移至光照处。分割繁殖一般在秋季休眠期后进行，将老球茎用利刀切成2～4瓣，使每瓣都带有顶芽，并在切口涂上草木灰然后栽植，过一天后浇水，以免伤口腐烂。

仙客来生长适温为15℃～25℃，超过30℃时开始休眠。夏季高温应置于凉爽荫蔽处，不得淋雨。仙客来忌过湿，每天上午浇水1次，由盆边缓慢浇灌，不能直接对着叶片和株心洒水。花期过后减少浇水量，可2～3天浇一次，10月底停止浇水，让叶片枯萎而进入休眠期，翌春开始浇水，长新叶后增加浇水量。仙客来生长期每周或10天施稀薄肥水1次，花前集中施1～2次液肥，花期停止施肥，以免落蕾。仙客来花后5～6月果实成熟，果实由绿变黄即采，在冷凉处贮藏，一般在2℃低温下保存，可放四年多，仍能发芽。

吊　兰

吊兰是多年生常绿草本植物，属百合科。常见的品种有金心吊兰、银边吊兰、金边吊兰，还有全绿色的吊兰。吊兰是最为传统的居室垂挂植物之一。它叶片细长柔软，从叶腋中抽生的匍匐茎长有小植株，由盆沿向下垂，舒展散垂，似花朵，四季常绿；它既刚且柔，形似展翅跳跃的仙鹤，故古有"折鹤兰"之称。吊兰的一条条从叶丛中抽出的匍匐状花茎悬空倒垂。枝上的小花随风摇曳，一棵棵新植株轻盈飘逸，如蝴蝶翩翩起舞，如礼花四溢，让人兴味无穷，故吊兰有"空中仙子"、"空中花卉"的美称。总之，它那特殊的外形构成了独特的悬挂景观和立体美感，可起到别致的点缀效果。

吊兰的生命力很强，只要有一点水土，甚至一杯清水，就能生根、发芽，抽出新枝。它随遇而安，不争养分，不争地位高低，即使悬挂在空中，也不感到孤寂，照样为人们带来清新与碧绿。因此，吊兰虽然花朵很小，貌不惊人，却深受人们的喜爱。它在客厅、书房、居室伴随人们工作和休息。元代诗人谢宗曾有诗对吊兰的形态和品质作了栩栩

吊 兰

如生的描述，诗中赞曰："午窗试读《离骚》罢，却怪幽香天上来。"

吊兰不仅是居室内极佳的悬垂观叶植物，而且也是一种良好的室内空气净化花卉。吊兰具有极强的吸收有毒气体的功能，一般房间养 1～2 盆吊兰，空气中有毒气体即可吸收殆尽，故吊兰又有"绿色净化器"之美称。

鹤望兰

鹤望兰，别名天堂鸟花，极乐鸟之花。原产非洲南部，现广泛栽培。此花素有"鲜切花之王"的美誉，在国内外很受欢迎，是一种极有经济价值的花卉。

鹤望兰是世界著名的观赏花卉。叶大姿美，四季常青。花形奇特，橙黄的花萼，深蓝的花瓣，洁白的柱头，紫红的总苞，整个花序宛似群鹤翘首，为爱好者所珍爱。在非洲，视鹤望兰为"自由、吉祥、幸福"的象征。在美洲，它成为"胜利之花"。在亚洲，鹤望兰被认作"长寿之花"。

鹤望兰为大型盆栽观赏植物，成型的盆栽植株一次能开花数十朵，漂亮的花与叶充分展示热带景观的主体植物效果。它与旅人蕉、红花蕉等花卉可

鹤望兰

构成典型的热带自然景观，是目前世界上一些著名植物园的展览温室中必不可少的观赏植物。目前，美国、德国、意大利、荷兰和菲律宾等国都盛产鹤望兰。我国自 20 世纪 90 年代以来，在广东、福建、江苏等地建立了鹤望兰种苗和盆花的生产基地。

鹤望兰是芭蕉科鹤望兰属多年生常绿宿根草本花卉，其植株高 1 米左右，地下具有粗壮的肉质根，地上茎则很不明显。鹤望兰的叶分二列对生，具有坚挺的长柄，叶柄比叶片长 2～3 倍，中央有纵槽沟。叶片呈长椭圆形，或长椭圆状卵形，长约 40 厘米，宽 15 厘米，革质，边缘整齐而稍向内倾。花梗从中央叶脓之间抽生，高于叶丛。花序外有总佛焰苞片，长约 15 厘米，绿色，边缘晕红，火焰状的总苞片内着生着 6～8 朵花。鹤望兰的外花瓣为 3～4 片，橙黄色，内花瓣则为 3～4 片，舌状，天蓝色花，外瓣同内瓣一字排列顺序开放，艳丽晚目。花苞向一侧平伸，恰与花梗呈 45 度角，宛如仙鹤翘首远望一般。

鹤望兰的花期自中秋至翌年盛夏，花期长达 100 天以上。鹤望兰为典型的鸟媒植物，原产地靠体重仅 2 克的蜂鸟传粉，一般需人工授粉后才能正常结果。

鹤望兰又名"天堂鸟"的由来：据说是为了纪念 19 世纪初的一位长相优美的女子，这位女子嫁给了当时英

鹤望兰

国国王乔治三世，她的一生憧憬浪漫真诚的爱情，而且十分喜爱各种奇花异草，生前曾许愿来生要做一只天堂鸟。后来就以她的名字来命名鹤望兰，以纪念这位不凡的女子。

鹤望兰为热带草本植物，名字中虽有"兰"字，但不是兰科植物，而是属旅人蕉科中花型奇特的一种植物。

鹤望兰的叶片两两对生，呈草质、深绿色。其花茎粗壮挺直、花着生于顶端，尖端花苞横生，内有5瓣紫色，内藏雄蕊。整朵花花形奇丽优美，似引颈长鸣的仙鹤，姿态潇洒飘逸，色彩不艳不娇，高雅大方。

在南非，当地人十分珍爱这种花，因为每当花开之时，就会有成群美丽的、有彩色羽毛的小鸟飞来，当地人认为这种小鸟能带来吉祥与幸福，而鹤望兰就是招呼这些小鸟的使者，能够带来快乐的生活，所以对鹤望兰更是呵护有加。

玉簪花

玉簪花又名白萼、白鹤仙。因其花苞质地娇莹如玉，状似头簪而得名。碧叶莹润，清秀挺拔，花色如玉，幽香四溢，是我国著名的传统香花。

玉簪花为多年生宿根草本植物，属百合科。玉簪花色洁白如玉，花香浓郁芬芳。其叶片为宽心脏形、色泽鲜绿，别具特色。玉簪是赏叶、观花、闻香俱佳的花卉之一。

玉簪花在我国已有二千多年的栽培历史。宋朝黄庭坚的一首名为《玉簪》的诗中写道："宴罢瑶池阿母家，嫩琼飞上紫云车。玉簪坠地无人拾，化作江南第一花。"这首诗为人们讲述了一个关于玉簪的神话故事：九天仙

玉簪花

女参加王母在瑶池举办的宴会后，好像一块美玉般飞身登上了紫云车。头上佩戴的玉簪掉落在人间，化成了一株美妙的花，得名玉簪花。郭沫若先生对玉簪的描述更加生动："乳白的花簪聚在碧雪梢头，一花谢了，一花又开，昼夜不休。扇形的绿叶把香风扇得和柔，保持清白，骄气、娇气都不敢有。"

洁白优美的玉簪花，花开在七八月份，似一身着白衫的仙女，悄然立于一片绿云之上，散发出迷人的芳香，为炎热的盛夏带来一丝清凉甘爽之气。将玉簪花送与亲友表达亲切的问候，尤其适合送给生肖属兔的朋友。

紫罗兰

紫罗兰又名草桂花，属十字花科，多年生草本，常作二年生栽培，一般在头年秋季播种，翌年春季开花。此花株高30～50厘米，茎直立，多分枝，基部梢木质化。叶面宽大，长椭圆形或倒披针形，先端圆钝。总状花序顶生和腋生，花梗粗壮，花有紫红、淡红、淡黄、白等颜色，单瓣花能结籽，重瓣花不结籽，果实为长角果圆柱形，种子有翅。花期3－5月，果熟期6－7月。

紫罗兰的花，总是飘来阵阵幽香，不禁引人遐思。紫罗兰花色丰富，有紫、紫红、粉红、黄、白等多种色彩。紫罗兰花朵茂盛，花色鲜艳，香气浓郁，为众多赏花者所喜爱，适宜于盆栽观赏，适宜于布置花坛、台阶、花径，整株花朵可作为花束。

我国新引进的非洲紫罗兰是一种充满异国情调和新时代气息的"迷你"盆花。它被许多姑娘和少妇视为家庭室内最理想的装饰花草。

紫罗兰

非洲紫罗兰属苦苣苔科草本，又称"非洲堇"。原产于非洲东部的坦桑尼亚，因花容酷似紫罗兰而得名。实际上同正宗的兰花并无亲缘关系。据闻是1892年为德国植物学家柏荣·冯·圣保罗发现的，有人叫它"圣保罗花"。它的株高不到半尺，没有长茎，叶似汤匙，披有柔软的丝绒，全部从基

紫罗兰花色丰富

部伸出，构成一个工整的莲座，多数花朵集生于中央。由于品种不同，花样更是千姿百态，有的像个绣球，有的好似金星，也有的宛如宝塔。而花色亦非常丰富，除黑、绿色外，几乎色色俱全。特别是那些一花两色、三色的品种更是令人陶醉，例如"美国加州1号"就是当今的名种之一。它的瓣色粉红，边缘翠绿，叶旁也镶有黄色，仿佛花中有叶，叶中有花，极为秀丽，被花迷们视为难能可贵的珍品。

紫罗兰多数花朵集生于中央

当今，许多经济发达的国家，由于人们的生活节奏紧张，对大棵的花木难以侍弄，因而对轻巧、耐观和易管的小盆花产生了强烈的兴趣，非洲紫罗兰便成了最佳的选择。不论摆在案上、窗前或床头柜上，都会令人产生和谐和温馨的感觉。许多人称赞它是一种具有情趣、乐趣和稚趣的花草，形容它像"新娘的面靥"、"醇馥的香槟"。

非洲紫罗兰因属中档时花，社会

上有能力购买的人很多。故自它问世以来，国际花市的销售量一年比一年递增。有不少妇女还以之作为家庭副业，把它卖给花店。由于爱好者越来越多，美国专门成立了全国性的非洲紫罗兰协会，并出版名为《非洲紫罗兰》的专业杂志，在全世界拥有数以万计的读者，这对花卉界的学术交流真是一桩可喜可贺的盛事。

虽然非洲紫罗兰的观赏价值颇高，但如果不了解它的生长发育规律，往往种下不久就会突然死亡。主要原因是它的植株细胞组织非常脆弱，如果淋水施肥不当，就很快引起腐烂。故在购买花苗时，要注意选择正在开花、叶部坚挺、富有弹力、叶柄短粗、没有病虫害的种苗方可购买。对种花的植料一定要用腐叶土、蛭石、珍珠岩、河沙、干粪、骨粉和花生麸混合的营养土，其酸碱度为中性，pH 在 6.5~7，用 7~9 厘米直径的小红陶盆栽种为宜。

紫罗兰会令人产生和谐和温馨的感觉

非洲紫罗兰的生长适温为 20℃~25℃，相对湿度为 60%~80%，喜欢在空气流通、没有大风袭击和光线较多的环境生长。要求每天上午都有朝阳和散射光射到才能正常开花，否则就需要用光管加照五六个小时，以便补充光源。对于淋水方面，则要掌握不干不浇、一浇要透的原则。要用长嘴的茶壶逐盆将水斟入盆内，切不可淋湿叶面。而且在追肥时亦不能让肥水沾到叶上，以免引起腐烂衰亡。如果不慎淋到应尽快用纸巾吸干净。

通常危害非洲紫罗兰的有白绢病、菌核病等，当发现时可用波尔多液，或大生 1000 倍溶液喷射。如发现有蚜虫、蓟马为害，可用速灭松或马拉松乳剂 1000 倍液喷杀，并隔数天再喷一次即可扑灭。

玫　瑰

玫瑰又名刺玫花、徘徊花、穿心玫瑰，属蔷薇科。它是落叶灌木，茎密生锐刺，羽状复叶，小叶 5～9 片，呈椭圆形或椭圆状倒卵形，上面有皱纹。因其形状、颜色、香味俱佳，故人们冠之以美玉之名——"玫瑰"。玫瑰因枝干多刺，故有"刺玫花"之称。诗人白居易有"菡萏泥连萼，玫瑰刺绕枝"之句。玫瑰花可提取高级香料玫瑰油，玫瑰油价值比黄金还要昂贵，故玫瑰有"金花"之称。玫瑰为蔷薇科中三杰之一，另两种为月季、蔷薇。玫瑰有红玫瑰、黄玫瑰、紫玫瑰、白玫瑰、黑玫瑰、橘红色玫瑰和蓝玫瑰。以红、白为多，白者纯净无瑕，红者热烈奔放，被人们称之为爱情花。

玫瑰原产亚欧干燥地区，我国华北、西北和西南及日本、朝鲜均有分布。喜阳光，耐旱，耐涝，也能耐寒冷，适宜生长在较肥沃的沙质土壤中。

玫瑰株高 1～2 米，茎直立，密生锐刺，干粗壮，枝丛生，表皮幼为绿色，后呈灰色或白灰色。叶互生，奇数羽状复叶，叶柄基部有刺常对生，呈椭圆形或椭圆状倒卵形，先端尖，基部圆形或阔楔形，边缘有锯齿，叶表面呈深绿色，有光泽，背面稍呈白粉色，网状脉明显，有柔毛。托叶附着于总柄上。花夏季开

玫　瑰

放，单生或数朵簇生，花色多为紫红与白色，也有黄、粉等色的；花有梗，梗有绒毛、腺毛及小柔刺。花有单瓣、重瓣之分。玫瑰花味极香，素有国香之称。宋代诗人杨万里有"别有国香收不得"之句，近代诗人秋瑾称其"占得春光第一香"，唐代诗人唐彦谦有"麝炷腾清燎"之喻，等等。

在情人节，送一束红玫瑰献给心爱的人，表达爱慕之情。这是世界流行的风情，来源于希腊神话，爱神为救他的情人，急速奔跑，手脚被划破了，

鲜血流淌在地上，地上长出了红玫瑰，所以红玫瑰是爱情的象征。

在西方，没有哪种花卉，像玫瑰一样有那么多的传奇和佳话。

来表达爱慕

在英国，玫瑰是皇族的象征。15世纪初，英国北部以红玫瑰为族徽的皇族，和西部用白玫瑰为族徽的皇族，为争夺王位而爆发了一场长达30年之久的"玫瑰之战"。最后以红玫瑰为族徽的亨利七世和以白玫瑰为族徽的伊丽莎白公主结成姻缘而告终。

在基督教传说中，耶稣被钉在十字架上，鲜血滴落在润泽的土地中，十字架下长出了艳丽的玫瑰花，因此，玫瑰也象征了仁慈与崇高。

相传在伊斯兰教圣地麦加，有一位美丽、善良的少女梦加，因拒绝了一个无赖的追求，而遭到恶意的中伤，一些人听信谣言而对梦加处以火刑。临刑时，天神垂怜梦加的无辜，把即将燃烧的木柴变成了一丛玫瑰。

玫瑰花是保加利亚人民的骄傲，传说玫瑰花是女神送给保加利亚的礼物，因此保加利亚每年举国上下都要举行传统的"玫瑰节"。

此外，玫瑰还是保加利亚、英格兰、法国、卢森堡、美国、叙利亚等国的国花。没有哪种花卉被这么多的国家选定为国花。

神秘、优美的传说，给玫瑰花的名字增添了浪漫的色彩。

玫瑰不仅是世界盛名的观赏植物，更是十分重要的芳香植物。玫瑰确实很香，它是世界上著名的香精原料，人们多用它熏茶、制酒和配制各种甜食品，其价值常比黄金还高。玫瑰入药，其花阴干，有行气、活血、收敛作用，果实中维生素C含量很高，是提取天然维生素C的原料。

玫瑰是世界著名的观赏植物

由花体制的芳香油，为高级香料。花入药，理气活血，疏肝解郁，主治肝胃气痛、食少呕恶、月经不调、跌打损伤等症。

玫瑰代表爱情，但不同颜色有不同的喻义，所以送花时应对不同的花色含义区别清楚！

红玫瑰代表热情真爱；

黄玫瑰代表珍重祝福和嫉妒失恋；

紫玫瑰代表浪漫真情和珍贵独特；

白玫瑰代表纯洁爱情；

黑玫瑰代表温柔真心；

橘红色玫瑰代表友情和青春美丽；

蓝玫瑰代表敦厚善良和独一无二。

送玫瑰的数量也有讲究：

1朵玫瑰代表——我的心中只有你（Only you）！

2朵玫瑰代表——这世界只有我俩！

3朵玫瑰代表——我爱你（I love you）！

4朵玫瑰代表——至死不渝！

5朵玫瑰代表——由衷欣赏！

6朵玫瑰代表——互敬互爱互谅！

7朵玫瑰代表——我偷偷地爱着你！

8朵玫瑰代表——感谢你的关怀扶持及鼓励！

9朵玫瑰代表——长久（Always）！

10朵玫瑰代表——十全十美，无懈可击！

11朵玫瑰代表——最爱，只在乎你一人！

12朵玫瑰代表——对你的爱与日俱增！

13朵玫瑰代表——友谊长存！

14朵玫瑰代表——骄傲！

15朵玫瑰代表——对你感到歉意（I'm sorry）！

16朵玫瑰代表——多变、不安的爱情！

17朵玫瑰代表——绝望、无可挽回的爱！

18 朵玫瑰代表——真诚与坦白！

19 朵玫瑰代表——忍耐与期待！

20 朵玫瑰代表——我仅一颗赤诚的心！

21 朵玫瑰代表——真诚的爱！

22 朵玫瑰代表——祝你好运！

25 朵玫瑰代表——祝你幸福！

30 朵玫瑰代表——信是有缘！

36 朵玫瑰代表——浪漫爱情！

40 朵玫瑰代表——誓死不渝的爱情！

50 朵玫瑰代表——邂逅，不期而遇！

99 朵玫瑰代表——天长地久（Forever）！

100 朵玫瑰代表——百分之百的爱（100% love）！

101 朵玫瑰代表——最……最爱！

108 朵玫瑰代表——求婚！

怎样区别月季、玫瑰和蔷薇呢?

现在大多庭院栽培和所有市场出售的切花，所谓"玫瑰"，园艺上称为现代月季，是以中国月季、中国香水月季为亲本跟各种玫瑰、蔷薇反复杂交培养出来的。

玫瑰在园艺上称为现代月季

中国栽培玫瑰、月季、蔷薇的历史很长。唐朝时就有诗说玫瑰"大如盘"。玫瑰花跟桂花一样，被用来作蜜饯，月季用来装饰庭院和切花装饰房间，蔷薇用来作花障。

玫瑰在欧洲和中东栽培历史也很长，在文学中的地位很高。欧洲原没有月季，大约两百多年前才从中国引进，中国月季——RosaChinensis 由此得名。大约在 19 世纪下半叶，欧洲才培育出玫瑰和月季杂交出来的芳香而四季开花的新品种。这就是现代月季品种迅速增长的开端。

总的来说，四季开花的蔷薇属品种，都可叫月季，无论是现代月季，还是古老的月月红、月月粉等品种。

凤仙花

凤仙花为一年生草本植物，属凤仙花科植物。每到夏季，是凤仙花盛开的时节。风姿清丽可人，花朵纷繁如凤，故凤仙花又名"金凤"。凤仙花可以用来染指甲，所以它还叫"指甲花"。

凤仙花花大而美丽，粉红色，也有白、红、紫或其他颜色，姿态娇美，色彩丰富绚丽，而且容易种植，文人墨客将它作为六月的花使令。宋代徐致中《金凤花》赞它："鲜鲜金凤花，得时亦自媚。物生无贵贱，罕见乃为贵。"明代徐有阶称："金凤花开色最鲜，佳人染得指头丹。"元代女诗人陆秀卿一首《醉花阴》，将女子用凤仙花染指甲描绘得妙趣横生。词云："曲阑风子花开后，捣入金盘瘦。银甲暂散除，染上春纤，一夜深红透。绛点轻濡笼翠袖、数颗相思豆。晓起试新装，画到眉弯，红雨春山逗。"传说南宋时，因光宗李后的小名叫凤娘，宫中避讳，故称凤仙花为好女儿花。

古代传说凤凰是鸟中之王，雄鸟名凤，雌鸟名凰，由于凤仙花有这一美名，让人一见凤仙花就联想起凤凰。明代诗人瞿佑在《凤仙》一诗

凤仙花

中云："高台不见凤凰飞，招得仙魂慰所思。"其意是说人们虽然不曾看到高处有凤凰飞，但却可看见由凤凰仙魂所化的凤仙花，也可安慰人对凤凰的思念了。唐代诗人吴仁璧在《凤仙花》一诗中云："香红嫩绿正开时，冷蝶饥蜂两不知。此际最宜何处看，朝阳初上碧梧枝。"据说凤凰非梧桐树不栖，诗中碧梧枝指的就是梧桐树枝，诗人已把凤仙花当做凤凰的化身，可见凤仙花在我国花卉文化史上有一定的地位。而用凤仙花染红的指甲，也让诗人浮想联翩，元代杨维桢在《凤仙花》一诗中有"弹筝乱落桃花瓣"的语句，形容染红指甲的女子弹筝时，手指上下翻动，好似桃花瓣落纷纷。

凤仙花也叫透骨草

凤仙花还有一个有趣的英文名字叫"Touchmenot"，如将此名直译，其意是"勿碰我"。因为当凤仙花种子成熟时，只要轻轻一碰，果瓣立即开裂，并向内弯卷收缩，将种子弹出。而我国中医也因此将凤仙花种子的药用名叫急性子，有的地方也把凤仙花叫急性子。此外，中医还将凤仙花的茎作为治疗风湿疼痛和跌打损伤的药，因而凤仙花也叫透骨草。

凤仙花对氟化氢很敏感，稍接触，便会花残叶败，甚至枯死。因此，可用凤仙花监测氟化氢的污染。

美人蕉

"芭蕉叶叶扬遥空，月萼高攀映日红。一似美人春睡起，绛唇翠袖舞东风。"这首诗把美人蕉的形态比喻得栩栩如生。正因此原产于美洲热带和亚热带的红蕉被称为美人蕉。

美人蕉株高 1～1.5 米，喜爱高温高湿的气候和阳光充足的环境。美人蕉在园林中常用作花径、花篱或者种植于花坛中心及装饰一面的背景。

美人蕉植株挺拔秀丽、叶色碧绿、舒展如美人翠袖。红色的花朵簇生于茎顶，绮丽多姿，远观灿若红霞，近看艳如火焰。美人蕉不断涌茎长芽，顶端的花谢之后，新芽继续生长，发出花枝，相继开放，花朵从夏到秋，绵延不断。在唐代以前，美人蕉花只有红色，故称红蕉。唐代李绅《红蕉花》诗曰："红蕉花样炎方识，瘴水溪边色更深。叶满丛深殷似火，不惟烧眼更烧心。"经过人们不断地改良品种，美人蕉出现了多种花色。因其叶酷似芭蕉，花朵美丽，后人便将红蕉改称为美人蕉。清人庄大中的《美人蕉》诗说："照眼花明小院幽，

美人蕉

最宜红上美人头。无情有态绿何事，也倚新妆弄晚秋。"这首诗使美人蕉如美女亭亭玉立，衣裙轻飘的姿态跃然眼前。

美人蕉对二氧化硫、氯气等有害气体有较强的抗性，对尘埃有一定的吸附作用，是良好的环保植物。

草本植物

草本植物是一类植物的总称，但并非植物科学分类中的一个单元，草本植物的植物体木质部较不发达，茎多汁，较柔软。按草本植物生活周期的长短，可分为一般为一年生、二年生植物或多年生。草本植物多数在生长季节终了时，其整体部分死亡，包括一年生和二年生的草本植物，如水稻，萝卜等。多年生草本植物的地上部分每年死去，而地下部分的根、根状茎及鳞茎等能生活多年，如天竺葵等。

乔木被子植物

桂 树

中秋月圆时节，一树树桂花盛开了。满树金黄细小的花儿，点缀着红叶娇艳的季节。更有那浓郁的芳香，"一味恼人香"，袭人心怀，沁人肺腑。又在芳香中带有一丝甜意，使人久闻不厌。

桂 花

有人说，香气浓郁的花，一般是"或清或浓，不能两兼"。然而，桂花却具有清浓两兼的特点。它清芬袭人，浓香远逸，常常使人遐想联翩，勾起种种美好的联想。传说桂花香飘万里，侨居外乡的人闻到桂花香，就能在眼前浮现出家乡的山水，勾引起思乡之情。"天香生净想，云彩护仙妆"。所以人们给桂花起了个名字叫"九里香"。

桂花不但芳香袭人，而且树枝挺秀，枝叶丰茂，冬夏常绿。若是南方庭园栽培，则是"丹葩间绿叶，锦绣相叠重"。若在北方盆栽作室内摆设，也端庄高雅。好一个桂花，不以艳丽色彩取胜，不以娇妍风姿迷人，却因"天香云外飘"得到世人的独钟。有人形容桂花香是："清风一日来天阙，世上龙涎不敢香。"

桂花因叶色浓绿，花香馥郁，被评为我国十大名花之一，李时珍在《本草纲目》中对桂花记载道："花有白者为银桂，黄者为金桂，红者为丹桂"，把桂花白、黄、红三色分为银桂、金桂和丹桂。清代陈子的《花镜》按桂花花期不同而命名为"四季桂"和"月月桂"两个品种。

桂树寿命很长，一般都可活一百多年，有的树龄往往高达几百年。江浙一带老桂很多，杭州西湖满觉陇一带，满山都是老桂，连附近板栗树上的栗子也带桂花香味，所以杭州的桂花栗子是远近闻名的。每到桂花成熟季节，满觉陇的姑娘们在树下撑起帐子，小伙子们爬到树上用力摇晃。那金

桂花香气袭人

黄色的桂花，就像雨点一样纷纷落下，被称为"桂花雨"。此时那西湖边上的满觉陇，漫山漫谷，连绵数里地下着"桂花雨"，浓郁的香气中传出姑娘小伙子愉快的笑声和歌声，胜似天堂美景。

我国是桂花的发祥地，栽培历史悠久，陕西汉中圣水寺内有一株汉桂，树虽苍老，却依然枝繁叶茂，芳香四溢，相传是西汉时期萧何手植，距今已有一千八百多年历史，岁岁开花，至今不衰。

桂花是我国寺庙常见的花卉。桂花随同佛教传入日本。18世纪后期传入

桂花是我国十大名花之一

英国，以后很快传遍欧洲各国。

普通的桂花多为八月桂，花香浓郁，花期短；另外还有金桂、银桂、丹桂、四季桂、月桂等桂花品种。有的花期短，有的香味淡。目前有一个新品种即：桂花中的珍品——日香桂。

日香桂属桂花中的一个新品种，由于是20世纪80年代在四川发现的，因此在四川种植面积较大，浙江、安徽等地也有种植。日香桂是集园林绿化、美化、香化、彩化于一身的珍稀园林树木新品种。适用于广场、小区绿化、屋顶花园、道路、校园等园林工程；中小型株适合盆栽，用于香化居家环境；枝叶可做高档切花材料；日香桂栽培技术简单，应用范围广，是很有前途的新品种。

桑 树

在古代的欧洲，丝绸向来都是与黄金相提并论的，几个著名的帝王如亚历山大、恺撒等在大的战役后都是以珠宝、丝绸和奴隶来计策自己战果的。那条由张骞打通、连接了远东与地中海各国的道路，由于向西方输入了丝绸而被称为"丝绸之路"。

丝绸，是由蚕的蚕茧抽丝后编制取得的天然蛋白质纤维，再经过精心编制而成的纺织品，具有其他纤维及加工品所无法替代的独特性能。

丝绸织品技术曾被中国垄断数百年，由于其编制技术在当时是一种复杂的工艺，其特有的手感和光泽备受人们的关注，因而丝织品成为工业革命以前世界主要的国际贸易物资。最早丝绸织品只有帝王才能使用。而在最初，中国是严密控制着丝绸织造业和养蚕业的技术流传，禁止其流向国外。但丝绸业的快速发展令丝绸文化不断从地理上、社会上由中国渗透入周边国家。

传说欧洲之所以有丝绸是由于几名为东罗马帝国皇帝工作的僧侣冒死将蚕种放在中空的手杖中，并私自从中国带出，辗转到达君士坦丁堡，如此一来，丝才得以最终流入欧洲。虽然这个传说的可信度并不高，但随后

桑叶与蚕

的拜占庭人确实发展了丝绸编制技术，并在皇宫庭院内设立了蚕室和缫丝机，为皇帝服务。当时拜占庭所有的土产丝绸大多被皇室成员享用，剩余的材料也能以非常高昂的价格卖到市场上。

桑蚕属寡食性昆虫，喜食桑叶，此外，蚕也能吃柘叶、楮叶、榆叶、鸭葱、蒲公英和莴苣叶等，然而桑叶却是蚕最适合的天然食料。可以说，没有桑树，也就不会有丝绸的产生了。

我国是世界上最早开始种桑养蚕的国家，也是中华民族对人类文明的伟大贡献之一。据传说，上古时代黄帝的元妃嫘祖发明了养蚕缫丝技术，是丝绸的伟大发明者。在商代，甲骨文中已出现桑、蚕、丝、帛等字形。到周代，采桑养蚕已是常见的农事活动了。春秋战国时期，桑树已成片栽植。

桑是桑科桑属植物的泛称，种类颇

桑 叶

多，主要有山桑、白桑、鲁桑等。桑为落叶乔木，高可达 15 米左右；叶呈卵圆形，叶长 5～10 厘米。宽 4～8 厘米，分裂或不分裂，边缘有锯齿，是蚕最主要的食物；花单性，雌雄同株或异株，穗状花序；桑的果实为聚花果，即桑葚，也称桑果，成熟时一般呈紫黑色或白色，味甜。桑葚含有丰富的活性蛋白、维生素、氨基酸、胡萝卜素、矿物质等成分，营养是苹果的 5～6 倍，具有多种功效，早在两千多年前，桑葚已是中国皇帝御用的补品，如今更是被医学界誉为"21 世纪的最佳保健果品"。

紫 荆

唐朝大诗人韦应物曾在《见紫荆花》一诗中写道：

> 杂英纷已积，含芳独暮春；
> 还如故园树，忽忆故园人。

虽笔墨不多，但游子思归、忆念故里之情却溢于言表，感人至深。

说到紫荆花，恐怕大多数中国人都会想到香港。

在香港特别行政区，除悬挂中华人民共和国国旗和国徽外，还可使用区旗和区徽。香港特别行政区区旗就是五星花蕊的紫荆花红旗。红旗代表祖国，白色紫荆花代表香港，紫荆花红旗寓意香港是祖国不可分离的一部分，并将在祖国怀抱中兴旺发达。花蕊上的五星象征香港同胞热爱祖国。花、旗分别采用红、白不同颜色，象征"一国两制"。香港特别行政区区徽呈圆形，中间是五星花蕊的紫荆花，周围写有中文"中华人民共和国香港特别行政区"和英文"Hong kong"。中间图案也是红底白色五星花蕊紫荆花，寓意与区旗相同。

在香港的历史上，还有一段关于紫荆花的悲壮故事：1898 年 6 月 19 日，丧权辱国的《展拓香港租界专条》在紫荆城签订，英国政府强行租借九龙半岛大片土地及附近两百多个岛屿（后称新界），租期 99 年，两个月后，英方不顾中国民众的强烈反对和抵制，在大炮的轰鸣声中，强行提前举行占据仪式，数千名爱国群众揭竿而起，武装保卫自己的家园，反攻英国军营，使英军受到重创，但民众也遭到残酷的镇压，新界 10 万人口丧失了土地。劫变过后，村民们在桂角山建造了一座大型坟墓，合葬那些壮烈牺牲的英雄。后来桂角山上长出一棵从前没见过的开着紫红色花朵的树。几年后，那种花开

紫荆花

遍了新界山坡，色彩缤纷，尤其是清明前后，花期正盛，像是对烈士的缅怀，民众将其命名为紫荆花。1965 年，紫荆花有幸当选为香港市花。

紫荆花花大如掌，略带芳香

在中国古代，紫荆花常被人们用来比拟亲情，象征兄弟和睦、家业兴旺。它来源于这么一个典故：传说南朝时，京兆尹田真与兄弟田庆、田广三人分家，当别的财产都已分置妥当时，最后才发现院子里还有一株枝叶扶疏、花团锦簇的紫荆花树不好处理。当晚，兄弟三人商量将这株紫荆花树截为三段，每人分一段。第二天清早，兄弟三人前去砍树时发现，这株紫荆花树枝叶已全部枯萎，花朵也全部凋落。田真见此状不禁对两个兄弟感叹道："人不如木也。"后来，兄弟三人又把家合起来，并和睦相处，那株紫荆花树好像颇通人性，也

随之又恢复了生机,且生长得枝繁叶茂。

紫荆花又叫红花紫荆、洋紫荆、红花羊蹄甲,为苏木科常绿中等乔木,叶片有圆形、宽卵形或肾形,但顶端都裂为两半,似羊蹄甲,故有此名。花期冬春之间,花大如掌,略带芳香,五片花瓣均匀地轮生排列,红色或粉红色,十分美观。紫荆花终年常绿繁茂,颇耐烟尘,特适于做行道树;树皮含单宁,可用作鞣料和染料;树根、树皮和花朵还可以入药。

丁 香

丁香别名丁子香,为桃金娘科植物,是常绿乔木,它的叶、花、果及茎枝均可蒸取丁香油,作为芳香、镇痉及祛风剂,其主要成分含丁香油,油中主要是丁香油酚、乙酰丁香油酚等。它的含油量约14%~21%。花蕾可入药,花蕾又称公丁香或雄丁香。

丁香原产印度尼西亚的马鲁古群岛,现在我国广东、海南、云南等省都有栽培。丁香是调味品,其香气浓郁,开胃并具有辛辣感,主要是丁香油和丁香酚的作用。丁香还可消除异味,添香增味,是较好的天然食用香料。

丁香花芬芳袭人,为著名的观赏花木之一。欧美园林中广为栽植,在我国园林中亦占有重要位置。园林中可植于建筑物的南向窗前,花时,清香入室,沁人肺腑。丁香还有杀菌和抗氧化的作用,可用于牙膏、肥皂、香水的原料。也可入药,有温脾胃、降逆气、祛风止痛等功效。

我国栽培丁香历史悠久,据考证,至今已有两千多年。早在三国时期,

丁 香

大文学家曹植就曾在《妾薄命》中写道："坐者叹息舒颜，御巾裹粉君傍，中有霍纳都梁，鸡舌五味杂香，进者何人齐姜，恩重爱深难忘。"宋代王十朋称丁香"结愁千绪，似忆江南主"。历代咏丁香诗，大多有典雅庄重、情味隽永的特点。北宋周师厚《洛阳花木记》中记载，当时洛阳已栽培丁香。明代高濂在《草花谱》中记述了丁香的繁殖"接、分俱可"。清代陈淏子在其《花镜》中指出丁香"畏湿而不宜大肥"。20 世纪 30 年代陈善铭发表了《中国之丁香》，对中国原产的 22 种丁香的分类、分布等作了详细的记述。

丁香宜栽于土壤疏松而排水良好的向阳处。一般在春季萌发前裸根栽植，株距 3 米。二三年生苗栽植，穴径应在 70～80 厘米，深 50～60 厘米。每穴施 100 克充分腐熟的有机肥料及 100～150 克骨粉，与土壤充分混合作

丁香花

基肥。栽植后浇透水。以后每 10 天浇一次水，每次浇水后要松土保墒。栽植三四年生大苗，应对地上枝干进行强修剪，一般从离地面 30 厘米处截干，第二年就可以开出繁茂的花来。一般在春季萌动前进行修剪，主要剪除细弱枝、过密枝，并合理保留好更新枝。花后要剪除残留花穗。一般不施肥或仅施少量肥，切忌施肥过多，否则会引起徒长，从而影响花芽形成，反而使开花减少。但在花后应施些磷、钾肥及氮肥。灌溉可依地区不同而有别，华北地区，4－6 月是丁香生长旺盛并开花的季节，每月要浇 2～3 次透水，7 月以后进入雨季，则要注意排水防涝。到 11 月中旬入冬前要灌足水。危害丁香的病害有细菌或真菌性病害，如凋萎病、叶枯病、萎蔫病等，另外还有病毒引起的病害，一般病害多发生在夏季高温高湿时期，害虫有毛虫、刺蛾、潜叶蛾及大

胡蜂、介壳虫等，应注意防治。

依兰香

番荔枝科常绿大乔木依兰香，又名香水树，高 10～20 米，花期 5－11 月，花朵较大，长达 8 厘米，黄绿色，具有浓郁芳香气味，是珍贵的香料工业原材料，用它提炼而成的"依兰"香料是当今世界上最名贵的天然高级香料和高级定香剂，所以人们称之为"世界香花冠军"、"天然的香水树"等。

依兰香

依兰香原产东南亚的缅甸、印度尼西亚、马来西亚、菲律宾等地，现广泛分布于世界各热带地区，我国主要在广东、广西、福建、四川、云南、台湾等地有栽培，但在国内首次发现它却是一件十分偶然的事。20 世纪 60 年代一个百花盛开的五月，一些植物学工作者在云南省西双版纳勐腊县调查植物，一天，他们刚走到边境上一个傣族寨子寨门时，一股浓烈的香味扑鼻而来，走进寨子，感觉整个寨子都弥漫在芬芳之中。调查队员们都觉得惊奇，于是便四处寻找，后来才发现几乎每幢竹楼旁都种有几株开满黄绿色花朵的大树，走到树下，捡起花瓣一闻，香气袭人，而且还发现寨子里的姑娘们把这种香花穿成串，戴在发结上，虔诚的佛教信徒们把香花放在圣洁的水碗里，敬献在佛前，调查队员们随后采集了这种植物的标本，并查阅了大量相关资料，最后才确定这就是闻名世界的依兰香。

依兰香的发现引起了香料厂家的重视，随后便大面积地推广种植，并在西双版纳建立了依兰香基地。目前，在市场上以依兰香加工而成的化妆品、洗涤品层出不穷，而且十分畅销，供不应求。

梅

梅 花

梅是一种蔷薇科樱桃属植物，落叶乔木，别名又叫梅、春梅、干枝梅、獠。梅花分五瓣，花色有白、红、淡绿、淡红等。以白色和淡红色为主。花先于叶子开放，果实可分为青梅（绿色）、白梅（青白色）、花梅（带红色）3 种，除供鲜食外，还可制蜜饯和果酱，未熟的果实经过加工就是乌梅。

梅原产于我国，多分布在长江以南各地。我国植梅至少有三千多年的历史了。《诗经》里有"漂有梅，其实七分"的记载。1975 年在河南安阳殷代墓葬中出土的铜鼎里，发现了一颗梅核，距今已有 3200 年了。春秋战国时期爱梅之风已很盛，人们已从采梅果为主要目的而过渡到赏花。"梅始以花闻天下"，人们把梅花和梅子作为馈赠和祭祀的礼品，到了汉晋南北朝，艺梅咏梅之风日盛。《西京杂记》载："汉初修上林苑，远方各献名果异树，有米梅、胭脂梅。"又："汉上林苑有同心梅、紫蒂梅、丽友梅。"晋代陆凯，是东吴名将陆逊之侄，曾做过丞相，文辞优雅。陆凯有个文学挚友范

梅花被誉为"东风第一枝"

晔（《后汉书》作者）在长安。他在春回大地，早梅初开之际，自荆州摘下一枝梅花，托邮驿专赠范晔，并附短诗："折梅逢驿使，寄与陇头人；江南无所有，聊赠一枝春。""春"可以"寄赠"，自陆凯始，以梅花传递友情，传为佳话。

到南北朝，有关梅花的诗文、轶事也多了。《金陵志》云："宋武帝刘裕的女儿寿阳公主，日卧于含章殿檐下，梅花落于额上，成五出花，拂之不去，号梅花妆，宫人皆效之。"这可能是用梅花图案美容的开端。

梅的品种繁多

梅花不仅在我国是珍贵花卉，在国外也很受人喜爱，但国外仍以东方栽培较多。日本的梅是我国传去的，朝鲜也有。日本还有"梅之会"的组织，并出版发行专门刊物《梅》。到19世纪传入欧洲，20世纪初传入美国，现在世界各国均有栽培，但不及东方国家之盛。

梅花相传到现在，已是花繁品茂。据1962年调查，已有二百三十多个品种，主要分果梅和花梅两大系统。果梅可分青梅、白梅、花梅、乌梅等；花梅以观赏为目的，按其生长姿态分，有直脚梅类、杏梅类、照水梅类、龙游梅类；按花型花色分，有宫粉型、红梅型、玉蝶型、朱砂型、绿萼型和洒金型等。其中宫粉型梅最为普遍，品种最多。玉蝶型别有风韵，绿萼型香味最浓，尤以成都的"金钱绿萼"为好。

梅的故乡在鄂西、川东。《花镜》在梅的注解中说：四川大渡河上游的丹巴县内，海拔1900～2000米的山谷地带，雅砻江流域会理县的海拔1900米的山间，都有野梅生长。广西兴安县山区、江西与广东交界的大庾岭，古代都是盛产梅的地方。广东增城市的罗浮山，历来以产梅花著称于世，"罗浮"后来就成了梅花的别名。

梅树的寿命都很长，一般可活三五百年，甚至千年以上。世事沧桑，至今犹能保存下来的古梅，除了杭州超山的那两株"唐梅"和"宋梅"之外，最早的古梅当属湖北黄梅县的"江心古寺"遗址处的"晋梅"了。它饱经风霜，树干已成灰黑色，每年大寒开花，花开满树，整个开花期达冬春两季。还有浙江天台山"国清古寺"的一株"隋梅"，距今也有一千三百多年的历史。相传是佛教天台宗的创始人智凯大师亲手植的。这株隋梅虽数度枯萎，但如今经人们精心培育，已返老还童，枯木逢春。主干苍老挺拔，四周嫩枝丛生，几年前树上还结了数千个梅子。清人梁绍王在其所著《两般秋雨庵随笔》中也记载了这么一件事，其云："真州城东十余里淮提庵，有古梅一株，大可蔽牛，五千并出，相传为宋时物。康熙中，树忽死，垂四十年复活，枝干益繁，花时光照一院。"清嘉道年间名士阮元题其名曰：返魂梅。梅长寿不足奇，奇的是枯木能逢春。

所以梅有个特点是，愈老愈显得苍劲挺秀、生意盎然。历来有"老梅花、少牡丹"之说。

梅花的香韵一向为人们所倾倒，它浓而不艳、冷而不淡，那疏影横斜的风韵和清雅宜人的幽香，是其他花卉不能相比的。然而，更为可贵的，还是梅花的精神。梅的铮铮铁骨、浩然正气，傲雪凌霜、独步早春的精神，被人们誉为"中华民族之魂"。"朔风吹倒人，古木硬如铁；一花天下春，江山万里雪。"人们把松、竹、

梅花盛开时香气四溢

梅称作"岁寒三友"，尊梅、兰、竹、菊为"四君子"，赞赏梅花的高洁、典雅、冷峭、坚贞，视为知友、君子，梅都是当之无愧的。

桃　树

桃树为落叶小乔木，属蔷薇科植物。桃花分果桃花和观赏桃花两大类。花有单瓣和重瓣，果桃多为单瓣，观赏桃多为重瓣，花色艳丽，先开花，后出叶。

桃 花

桃树形优美，枝干扶疏，花朵丰腴，色彩绚丽，是春季最主要的观赏花木。桃树常被呈林片地栽种，无论是植于山坡、园林、庭院，还是湖畔、溪边，都可成为观赏佳景。桃花盛开时，那成片的桃林如云蒸霞蔚，置身其间，顿感心旷神怡，春光无限。桃花作盆景、做切花插瓶观赏，也会使人感到韵味无穷，春意盎然。桃花尽管未被列入我国十大名花之列，却占有很高的地位。人们将桃树视为"五木之精"，将桃花作为美好事物的化身。人们称赞美女的娇容"艳若桃李"，将理想的生活环境称为"世外桃源"，太平盛世称为"桃林"。《诗经》中称赞美满婚姻"桃之夭夭，灼灼其华"。唐代诗人刘禹锡描写当时民间观赏桃花时称："紫陌红尘拂面来，无人不道看花回。"最受人们称颂的是桃花那"嫣然出篱笑，似开未开最有情"的神态，那"千朵万朵竞妍媚，浓于胭脂烈如火"的激情与顽强的生命力。桃花喜阳光和温暖的环境。多用嫁接法繁殖。以山桃、毛桃的实生苗和杏作砧木。

白兰与玉兰

白兰花又名白兰，原产喜马拉雅地区。喜光照充足、暖热湿润和通风良好的环境，不耐寒，不耐阴，也怕高温和强光，宜排水良好、疏松、肥沃的微酸性土壤，最忌烟气、台风和积水。

白兰花与茉莉花、栀子花并称为"盛夏三白"，是我国著名的香花。白兰

白兰花

花枝叶繁盛，四季常绿，姿态优美，叶碧绿如翠玉，花朵洁白如皑雪。宋代诗人称赞它：白步清香玉肌，满堂皓齿转明眉。

白玉兰是制茶、酿酒的重要原料。白兰花株形直立有分枝，落落大方。在南方可露地庭院栽培。北方盆栽，可布置庭院、厅堂、会议室。中小型植株可陈设于客厅、书房。因其惧怕烟熏，应放在空气流通处。

玉兰为落叶小乔木，树高可达 25 米，先开花、后出叶。有白玉兰、紫玉兰和朱砂玉兰等品种。

在园林、庭院到处可见玉兰花，它是我国著名的早春名贵的花木，有"春天的寒暑表"之称。玉兰花在百花尚未开放的早春时节，不待新叶吐绿就绽放出绒绒的花蕾，不出两三天就开出朵朵洁白的花朵，花朵清香如兰，一缕缕，沁人心脾。玉兰花即使在花凋时也美不胜收，花瓣随风飞舞而下，

玉 兰

古人称之为"微风吹万舞，好雨尽千妆。""千花万红艳阳春，素质摇光独立难。但有一枝堪比玉，何须九畹始征兰。"

玉兰树是长寿树，可生活数百年。玉兰花不仅可观赏，而且可食用和药用。

无忧树

两千五百多年前，在古印度的西北部喜马拉雅山脚下（今尼泊尔境内），有一个迦毗罗卫王国。国王净饭王和王后摩诃摩耶结婚多年都没有生育，直到王后45岁时，一天晚上，睡梦中梦见一头白象腾空而来，闯入腹中——王后怀孕了。按当时古印度的风俗，妇女头胎怀孕必须回娘家分娩。摩诃摩耶王后临产前夕，乘坐大象载的轿子回娘家分娩，途经兰毗尼花园时，感到有些旅途疲乏，便下轿到花园中休息，当摩诃摩耶王后走到一株葱茏茂盛开满金黄色花的无忧花树下，伸手扶在树干上时，惊动了胎气，在无忧花树下生下了一代圣人——释迦牟尼。所以，西双版纳的每个傣族村寨几乎都得有寺庙，而几乎每个寺庙周围都种有无忧花。另外，有些没有生育但想得子女的人家，也常常在房前屋后种植一株无忧花。

无忧花

无忧花属云实科中等常绿乔木，树型美观，枝叶繁茂，是上等的风景树。虽然无忧花比较细碎，大小如指甲，但一旦开花，则数量众多，常常一串串、一簇簇地直接开在树干上，且金黄鲜艳，美丽异常，可以说是当地人们最喜爱的老茎生花了。

据说，只要坐在无

忧花树下，任何人都会忘记所有的烦恼，无忧无愁。无忧花是吉祥的象征。

棕榈科植物

在热带及亚热带地区，广泛分布着种类众多的棕榈科植物，约有217属，2500种以上，人们熟知的有：棕榈、椰子、蒲葵、槟榔等。它们大大的叶片在灿烂阳光的照耀下，随着或干热或湿润的风儿摇曳着，构成了热带、亚热带独特而美丽的风景，说它们是热带的名片实在是再贴切不过了。

棕榈科植物是单子叶植物纲槟榔亚纲的一科，多为常绿乔木或灌木，间为藤本。树干通直，不分枝，常被有叶的宿存的基部，有些种类攀援而多刺。茎单生或丛生，地上不分枝（海菲棕属除外）。叶互生，常聚生于树干的顶端，但在藤本中则散生，叶片极大，呈螺旋状排列，呈全缘、羽状或掌状分裂，叶柄基部常扩大成一纤维状的鞘。棕榈科植物的花通常较小，多为淡绿色，圆锥花序或穗状花序，花被六裂，两列，裂片离生或合生，通常具有雄蕊6枚。棕榈科植物的果实为核果或浆果，外果皮多为纤维质，内果皮坚硬。

棕榈树

种子富含油分，棕榈、椰子等均是世界上著名的油料作物。

棕榈科植物主要分布于亚洲、美洲热带地区。巴西是世界上棕榈植物最丰富的国家。中国约有 22 属 70 余种，主产于南部和台湾等省。

棕榈，也称"棕树"，是国内分布最广、纬度最高的树种。喜温暖、湿润的气候，喜光，耐寒性也极强，可忍受 – 14℃ 的低温，是我国栽培历史最早的棕榈类植物之一。

棕榈属棕榈科常绿乔木。树干通直，呈圆柱形，不分枝，树干周围包以叶鞘形成的棕皮，树冠呈伞形。叶片

棕榈多栽植于庭院、路边及花坛之中

大，集生于树干顶端，掌状深裂，叶柄长而有细刺。初夏开花，花单性，雌雄异株，肉穗花序腋生，长 40 ~ 60 厘米，花呈淡黄色，有明显的花苞。果熟期为每年的 11 月，核果呈近球形，淡蓝黑色，表面有白粉。

棕榈多栽植于庭院、路边及花坛之中，树势挺拔，四季均绿叶葱茏，是一种极佳的观赏植物。另外，棕榈的树干还可用作亭柱等，或制器具，并可提取棕纤维，制成绳索、毛刷、地毡、蓑笠、床垫等，叶可制成扇、帽等工艺品。在中医学上，叶柄基部的棕毛还可入药，主治咯血、崩漏、便血、下痢等症。

椰子与海椰子

椰子可说是棕榈科中最为人们所熟悉的一种植物了。椰树是一种古老的栽培作物，原产地说法不一，有说产在南美洲，不过大多数人认为是起源于马来群岛。现广泛分布于亚洲、非洲、大洋洲及美洲的热带滨海及内陆地区。我国种植椰子已有 2000 多年的历史，现主要集中分布于海南各地，此外台湾

南部、广东雷州半岛、云南等地也有少量分布。

椰树属棕榈科椰属，为常绿乔木。树干挺直，高可达 25～30 米，单项树冠，整齐。叶为羽状复叶，全裂，长 4～6 米，裂片较多，每叶有 180～250 片小叶，小叶革质，呈线状披针形，长超过 1 米。叶腋处生长有佛焰花序，椰树的雄花聚生于分枝上部，雌花散生于下部；雄花具有鳞片状的萼片，花冠开裂为 3 瓣，革质，花冠呈卵状长圆形，长 1～15 厘米；雌花基部有小苞片数枚，花瓣与萼片相似，但较小。椰树的果实为核果，呈圆形或椭圆形，顶部二三棱，成熟时呈褐色，椰肉（胚乳）白色，富含脂肪，可供食用或榨油，胚乳内部的汁液可作饮料，清如水、甜如蜜，晶莹透亮，是极好的清凉解渴之品。

椰子除了其果实有很大的作用外，其他部分的功用也不小：椰壳可以烧制活性炭或加工成各种器皿、椰雕、乐器；椰干可加工成椰油；椰木质地坚硬，花纹美观，可做家具或建筑材料。椰子的综合利用产品达 360 多种，在国外有"宝树"、"生命木"之称。

椰　树

棕榈科还有一种很独特的植物。在非洲塞舌尔群岛的普勒斯兰岛和居里耶于斯岛上，出产一种特别的椰子树——海椰子。

海椰子属于棕榈科海椰子属，其树高 20～30 米，树叶呈扇形，宽 2 米，长可达 7 米，最大的叶子面积可达 27 平方米，很像大象的两只大耳朵。由于整棵树庞大无比，所以，人们称它为"树中之象"。

海椰子树最令人称奇的是它那硕大的果实。海椰子的果实横宽 25～50 厘米，外面长有一层海绵状的纤维质外壳，剥开外壳后就是坚果。海椰子的一

个果实重可达 25 千克，其中的坚果也有 15 千克，是世界上最大的坚果，被称为"最重量级椰子"。

海椰子树分为雌雄两种，雄树高大，雌树娇小，生长速度都极为缓慢，从幼株到成年需要 25 年的时间。雄树每次只开一朵花，花长 1 米有余。雌株的花朵要在受粉两年后才能结出小果实，待果实成熟又得等上七八年时间。

海椰子坚果

一棵海椰子树的寿命长达千余年，可连续结果 850 多年。最神奇的是，这种树雌雄双株总是相依而生，树的根系在地下紧紧缠绕在一起，若其中一棵树早夭，另一棵也不会独活。此外，海椰子的坚果好像是合生在一起的两瓣椰子，因此，塞舌尔人将其誉为"爱情之果"。

海椰子坚果内的果汁稠浓至胶状，味道香醇，可食亦可酿酒，果肉熬汤服用，可治疗久咳不止，并能止血。海椰子的椰壳经雕刻镶嵌，可作装饰品。

海椰子虽然如其他椰子一样可以在海上漂浮，随海水远走他乡，却不能在海滩上生长。因此，海椰子目前只在塞舌尔出产，加上它的生长速度十分缓慢，百年才能长成，果实要 7 年才能成熟，愈发显得珍贵。海椰子的产地被塞舌尔政府划为"天然保护地"，因此，海椰子树得到当地政府和人士的精心呵护。作为塞舌尔的国宝，海椰子不仅一颗售价就高达几百美元，还需要经过政府的批准才能够携带出境。

蒲　葵

蒲葵是棕榈科中另一种常见的常绿乔木，它原产于中国南部亚热带地区，福建、广东广为栽培，东南亚各国也有分布。

蒲葵为单干树木，树干粗壮直立，老茎中部很粗，茎表面还有少量棕皮和叶鞘包被。蒲葵的叶子很大，叶柄粗壮，且长度可达 1 米左右，叶簇生于茎顶，掌状多裂，而中央区不分裂，叶联合呈扇状，叶片先端下垂，叶腋处着生有肉穗花序，分枝多且结构疏散。蒲葵为雌雄异株植物，小花呈黄色，花冠开裂为3瓣。果实为椭圆形核果，形如橄榄，果肉柔软多汁，成熟后为蓝黑色，外表覆盖有蜡质，9～10月果熟。

蒲葵

蒲葵通常大量分盆栽。常用于庭院、道路绿化。外纤维鞘可用于制绳索、果、根、叶均可入药。此外，它的叶片还常被用来做蒲扇，也就是我们所说的芭蕉扇了。

槟 榔

900多年前，贬居海南岛的苏东坡曾即兴写下了"两颊红潮增妩媚，谁知侬是醉槟榔"的诗句，描绘的就是当地的黎家少女嚼食槟榔后面红耳赤目眩，如醉酒一般的情景。

槟榔是棕榈科中的常绿乔木，它原产于东南亚地区，在中国福建、广东、云南、台湾等地广有栽培。

槟榔树的外貌与椰子树相似，树干高而挺拔，不分枝，叶脱落后形成环

槟榔树

纹。叶在顶端丛生，羽状复叶，叶面光滑，总叶柄呈三角状，有长叶鞘，小叶披针状线形或线形，先端呈截断状。槟榔每年开花两次，花期3~8月，冬花不结果。槟榔的花单性，雌雄同株，肉穗花序，花序着生于最下一叶的叶基部，有佛焰苞状大苞片，长倒卵形，光滑，花序多分枝，雄花生于花序顶端，雌花生于基部。槟榔每年12月至翌年2月结果，果实呈椭圆形，熟时红色，花萼和花瓣宿存，中果皮厚，内含一粒种子，种子富含槟榔碱和鞣酸等。

槟榔的果实

槟榔的果实可食，南方一些地方尤其是海南等地的人们，有咀嚼槟榔的习惯，愈嚼愈香，醇味醉人。海南人一直把槟榔作为上等礼品，认为"亲客来往非槟榔不为礼。"宋代《吟外代答》一书中曾写道："客至不设茶，唯以槟榔为礼。"在黎族的婚俗中，槟榔甚至被作为定情的信物，逢男女定亲之日，男方一定要给女方送一篮槟榔以表爱慕。

槟榔的种子也是中医学上常用的一种药材，是我国四大南药之一，有止泻治痢、杀虫去积等功效，别名"洗瘴丹"。

木 棉

木棉树的枝条上都攀满了嫣红绚丽的花朵，赤红的花瓣，金黄的玉蕊，一树数百朵，犹如万千把火炬，照耀大地，显得格外雄奇瑰丽，随处表现出它雄迈的气概，因此常被人们誉称为"英雄树"。由于它那特有的引人入胜的花朵，因而，又有"红棉"、"攀枝花"和"烽火树"之称。

木棉原产于印度，17 世纪中期引入栽植，属木棉科落叶大乔木。二、三月叶落花开，橙红且厚重的花朵象征高雄人的粗犷与热情，于 1986 年被选为高雄市花。朵朵绽开的红棉花还给南方的人们送来了春天的喜讯，我国南方农村中常把木棉开花作为天气转暖的标志。树干有瘤刺防动物破坏树皮，侧

木棉树

枝轮生，层次分明，大树有板根。不宜做行道树，宜在公园内大面积种植，以利板根生成。掌状复叶。卵形蒴果，长达十余公分。果实内有棉絮及种子，果实自裂，棉絮带着黑色的种子随风飘播。棉絮昔称"班芝棉"，是棉花的替代品。木棉速生，材质轻软，可供蒸笼、包装箱之用，花、树皮、根皮可作药用，有祛湿之效。

木棉是一种喜光的阳生植物：当它和其他树种生长在一起时，为了获取更多的阳光，使它自己枝叶繁茂，它总是要超越群树之上，而不被它树所遮掩。木棉是先开花、后长叶的，从古至今，西双版纳的傣族对木棉有着巧妙而充分的利用：在汉文古籍中曾多次提到傣族织锦，取材于木棉的果絮，称为"桐锦"，闻名中原；用

木棉是一种喜光的阳生植物

木棉的花序或纤维做枕头、床褥的填充料，十分柔软舒适；在餐桌上，用木棉花瓣烹制而成的菜肴也时有出现；此外，在傣族情歌中，少女们常把自己心爱的小伙子夸作高大的木棉树。

木棉外观多变化：春天时，一树橙红；夏天绿叶成荫；秋天枝叶萧瑟；冬天秃枝寒树，四季展现不同的风情。

槐 树

槐树为落叶乔木，树冠球形庞大，枝多叶密，花期较长，绿荫如盖。花两性，顶生，蝶形，黄白色，7～8月开花，11月果实成熟。槐树还是具有一定观赏价值的树种，山槐、刺槐是东北山区常见树种，近几年被引入城市做绿化树种。槐树的叶、花非常漂亮。全国各地皆有槐树，但是大连的槐树以

其种类全、数量多而闻名全国，大连市内遍植槐树，包括刺槐、国槐、黄金槐等品种，达到植树面积的1/3左右，是名副其实的东方槐城，槐花也不愧为大连市的市花。每到五月底，伴着槐花花期的到

槐 树

来，大连的街道上到处弥漫着槐花的香气，味虽不浓，却是沁人心脾。在街上漫步时，回忆起童年上树采摘槐花，将槐花放入口中的时候，那种甜甜的味道，至今不能抹去。

在古代，槐树还被认为代表"禄"，古代朝廷种三槐九棘，公卿大夫坐于其下，面对三槐者为三公，《周礼·秋官·朝士》上说："面三槐，三公位焉。"《古文观止》中有一篇东坡先生所著的《三槐堂铭》，讲的就是这个典

故。北宋初年，兵部侍郎王佑文章写得极好，做官也很有政绩。他相信王家后代必出公相，所以在院子里种下 3 棵槐树，作为标志。后来，他的儿子王旦果然做了宰相，当时人称"三槐王氏"，在开封建了一座三槐堂。你看，种了 3 株，子孙当上了大官，这槐树的力量可真不小啊！

另一个典故就是大家所熟知的"南柯一梦"，记载在唐朝人李公佐写的《南柯太守传》中。说是广陵人淳于棼，喝醉了酒，躺在院子里的槐树下面睡着了。做了一个梦，梦到自己到了大槐安国，并和公主成了亲。当了 20 年的南柯太守，官做得非常荣耀显赫。可是后来因为作战失利，公主也死了，他被遣送回家。然后一觉醒来，看见家人正在打扫庭院，太阳还没落山，酒壶也在身边。他四面一瞧，发现槐树下有一个蚂蚁洞，他在梦中做官的大槐安国，原来就是这个蚂蚁洞。槐树的最南一枝，就是他当太守的南柯郡。

由此可见，传说中的槐树还有各种神秘的本事，难怪要称之为木鬼了。所以汉武帝修建上林苑时，群臣远方，各献名果异树，其中槐树就被列为异树贡献了六百多株，不是没有道理的。

橡胶树

橡胶一词来源于印第安语，意为"流泪的树"。因为割开橡胶树皮即流出乳液，就像木头在流泪一样，后来这种乳液被叫做天然橡胶。

橡胶树是高大常绿乔木，主干树围可达 2～3 米，高度 20 多米，枝叶浓密，树冠翠绿，春天更叶开花，秋天种子成熟。种子为白色，外包一层淡黑色硬壳。繁殖栽培时，既可用种子，又可以芽接。它喜温暖，怕寒冷，在肥土湿地里幼树成长迅速，一年可增高近 1 米，树龄可达百年。它枝干较脆，遇强台风时，容

橡胶树

易折损。

正常情况下，橡胶树栽后5年就可开割产胶。由于最好的产胶时间是凌晨左右，所以割胶工人都在早上两三点钟起床进林。他们头戴光亮的胶灯，手持弯月形的胶刀，对着开割的胶树树皮，小心翼翼地削割，每次只能在1/2的树皮上环割下约1毫米厚的一层，既不能伤树，又要割开乳胶导管，让胶水沿着割线坡度流进树下的胶杯中。割后5个小时左右，溢胶停止，胶工提桶收取，送入加工厂，经去水烟熏，最后制成黄亮亮、好似牛皮糖一样的干胶片。开割的胶树，单株年产干胶3~4千克，最高的达10千克以上。

天然橡胶是从橡胶树上来的，它不是橡胶树的树皮，而是橡胶树的体液，

天然橡胶是从橡胶树上来的

是橡胶树用来输送养分和维持生机的，就像人的血液一样。天然橡胶就是由三叶橡胶树割胶时流出的胶乳经凝固、干燥后而制得的。1770年，英国化学家普里斯特利发现橡胶可用来擦去铅笔字迹，当时将这种用途的材料称为橡胶，此词一直沿用至今。

橡胶的分子链可以交联，交联后的橡胶受外力作用发生变形时，具有迅速复原的能力，并具有良好的物理力学性能和化学稳定性。

天然橡胶因其具有很强的弹性和良好的绝缘性，可塑性，隔水、隔气性，抗拉和耐磨等特点，广泛地运用于工业、国防、交通、医药卫生领域和日常生活等方面，用途极广。种子榨油为制造油漆和肥皂的原料；橡胶果壳可制优质纤维；果壳能制活性炭、糠醛等；木材质轻、花纹美观，加工性能好，经化学处理后可制作

高级家具、纤维板、胶合板、纸浆。真是植物里的"全能选手"啊！

榕　树

榕树独特的地方，是它独木能成林。

榕树枝干垂下一条条气根，有的悬挂半空，吸收空气中的水分；有的下垂到地，钻入土里，跟正常的根一样吸收土壤里的水分和养料，并迅速增粗，长成一棵棵连接母树的小树。这种由气根长成的小树不长枝叶，支撑了母树，也给母树供给养料。无数气根扎地成林，有的地方一棵榕树就占地十多亩。我国西双版纳热带植物园里有一株大榕树，树身要十多个人手拉手才能围抱起来，遮阴面积三亩多，下面可容纳几百人乘凉。树上寄生了多种兰花、苔藓、石斛等几十种植物，形成"空中花园"；树上也栖息多种鸟类，形成"鸟的天堂"。

榕树是常绿乔木。榕树根据用途可分为绿化树、榕树桩盆景、榕树瓜盆景。由于榕树根系发达，根部常隆起，并凸出地面。以植物生理学对榕树进行科学的栽培，使榕树根块较快成长，并控制其枝丫的成长高度，栽培出不同规格、不同风格、形态各异的盆景。具有天然雕刻和美术加工相融并琢的培育方式，大大提升了榕树盆景的观赏价值，并成为漳州继水仙花之后又一独特花卉。从最小50克的微型榕至2千克的不同规格盆景。形态自然、根盘显露、树冠秀茂、独特风韵的人参榕，观姿赏形，令人妙趣横生，心情愉悦。适宜摆设居家、办公室及

榕　树

榕树独特的地方，是它独木能成林

公共场所。近年来风靡欧、美、日、韩等国家和地区，得到广大消费者的青睐。

奇妙的榕树还带来了奇迹般的古迹。云南德宏傣族自治州的首府芒市，有一处榕树抱佛塔的奇观。相传五六百年前，一位僧人在这里修建了一座小佛塔。不知过了多少年，塔顶长出一棵小榕树，小树渐渐长大，它的根须顺着塔缝向下延伸，扎入土中，渐渐发育成高大的树干，把塔紧紧地箍在中间，其中有些根须还扎在泥块结构的佛塔躯体里，在佛塔的腹心中发展起来。在风蚀雨剥和大榕树的袭击下，佛塔最后开裂倾斜了，而大榕树却枝繁叶茂，将高达 8 米的佛塔全身包裹，人们称之为树抱塔。

因为榕树有无数气根扎地给母树供给养料和水分，榕树生长繁茂，寿命长，所以我国民间也管榕树叫"不死树"。

枫　树

每当秋菊绽黄、白露结霜的时节，人们会很自然地想起那些遍布在层峦叠嶂上的经霜红叶。正如诗人所吟咏的："停车坐爱枫林晚，霜叶红于二月花。"想起毛泽东的"层林尽染，漫江碧透"，突发疑问，红叶究竟是些什么树的叶子？为什么能在凋落的前夕变红呢？

枫叶变红实际上是枫树对自然界压力反应的结果。变红的反应实际上起到遮光剂的作用，它使树叶停留在树上的时间更长，让树能吸收更多的营养。

枫 树

研究发现，营养的压力，特别是缺氮的压力，使枫叶红得更早，红得更透。秋天绿叶变红，有内外两方面的因素。使叶片呈现红色的主要靠两种物质：一种是胡萝卜素，是普遍存在于叶绿体中的橙红色色素；另一种是花青素，存在于液泡内的细胞液中，当细胞液为碱性时，花青素呈蓝紫色。

其实秋天变红的不一定都是枫叶，各种枫树的叶子也不是都会变红。在我国秋季常见的红叶树，除大部分是槭树属的树种外，还有枫香和若干漆树科树种，如野漆树、盐肤木、黄连木、黄栌等。北京香山的红叶树主要是黄栌。这种树的叶片几乎是圆形的，边缘很光滑，平时也不很惹人注意，可是在落叶前的二十多天里，却一变而呈现鲜红色，漫山遍野，十分美丽。

加拿大人对枫叶有深厚的感情，把枫树视为国树，加拿大有"枫树之国"的美誉。枫树林遍布加拿大全国各地。它又叫"糖枫树"，每年深秋季节，金风萧瑟，红艳艳的枫树叶，

加拿大有"枫树之国"的美誉

灿如朝霞，色泽娇艳，十分瑰丽，仿佛春天怒放的红花。

近百种枫树中，最有名的莫过于"糖枫树"了，枫糖浆就是采自这个树种。这种糖枫树只生长在北美洲的中部和东北部，加拿大得天独厚的地理位置。使得各式各样的枫糖浆产品成为加拿大独特的旅游纪念品。加拿大东南部的魁北克和安大略是枫林最多的两个省，那里有几千个生产枫糖的农场。每年从3月开始，加拿大人民都要兴高采烈地欢庆传统的枫糖节，品尝大自然献给他们的甜蜜食品。

据说在大约1600年前，就已经有了"印第安糖浆"。加拿大原住民印第安人首先发现了枫糖——一种清香可口、甜度适宜、润肺健胃的甜食，并用"土法"在枫树树干上挖槽、钻洞采集枫树液。当时的"印第安糖浆"就是今天"枫树糖浆"的前身。

梧　桐

梧　桐

民间传说，凤凰喜欢栖息在梧桐树上，李白也有"宁知鸾凤意，远托椅桐前"的诗句。实际上，这只是人们对美好生活的一种向往。

《诗经·大雅》中有："凤凰鸣矣，于彼高冈。梧桐生矣，于彼朝阳。"凤凰就与梧桐放在一起说，作为相互对应的祥鸟名木共同出现。梧桐，是传说中的充满灵性的树木，高贵繁茂，本无节而直生，理细而性紧，高耸雄伟，干皮青翠，叶缺如花，妍雅华净，雄秀皆备，与美丽吉祥的灵鸟凤凰相匹配。同时这种高大的树木在生活中看来也确实是比较适合鸟类栖息的。既然凤凰已经落上了梧桐，那么无论是香樟还是香椿，对于凤凰来说都已经失去了吸引力。

梧桐是梧桐科的落叶乔木，它和同名为"桐"的油桐、玄参科的泡桐、法国梧桐没有亲缘关系。梧桐是一种优美的观赏植物，点缀于庭园、宅前，也种植做行道树。叶掌状，裂缺如花。夏季开花，雌雄同株，花小，淡黄绿色，圆锥花序，盛开时显得鲜艳而明亮。梧桐树高大魁梧，树干无节，向上直升，高擎着翡翠般的碧绿巨伞，气势昂扬。树皮平滑翠绿，树叶浓密，从干到枝，一片葱郁，显得清雅洁净极了，难怪人们又叫它"青桐"呢。"一株青玉立，千叶绿云委"，这两句诗，把梧桐的碧叶青干、桐阴婆娑的景趣写得淋漓尽致。

梧桐是梧桐科的落叶乔木

古书上说：梧桐能"知闰"、"知秋"。说它每条枝上，平年生12叶，一边有6叶，而在闰年则生13叶。这是偶然巧合演绎出来的，实际没有这种自然规律。至于"知秋"却是一种物候和规律，"梧桐一叶落，天下皆知秋"，既富科学规律，又饱含诗意。诗人们观察到落叶的飘零景象，借景抒情，发出无穷的惋惜和感慨，来咏叹自己的身世，"梧桐叶落秋已深，冷月清光无限愁"。其实，落叶并非树木衰老的表现，而是树木适应环境，进入耐寒抗干的休眠期，准备着新春的萌发。

梧桐产于中国和日本。它喜光，喜深厚湿润土壤，生长快。果实分为5个分果，分果成熟前裂开呈小艇状，种子生在边缘。我国产两种梧桐，一是

梧桐，一是云南梧桐。云南梧桐树皮粗糙，呈灰黑色，叶缘一般三裂。梧桐树木质紧密，纹理细腻，可制作乐器和家具。树皮纤维可造纸，制绳索。种子可食用，也可榨油。叶可入药或做农药。

梓柯树

在非洲的安哥拉，长着一种高20多米、四季常绿的梓柯树，人们称它为天然的消防树。

这种奇特的树，它长有奇妙的"自动灭火器"。科学家做过有趣的实验：在这种树底下用打火机打火，当火光闪过后，顷刻间，白色液体泡沫就从树上没头没脑地喷洒下来，弄得实验者满头满脸都是白沫，身上的衣服打湿了，打火机的火苗也熄灭了。如果你坐在树下点燃一堆篝火，树上也会立即喷射出大量的液汁，把火灭掉。所以，人们又叫梓柯树为灭火树。

梓柯树

梓柯树，树高20多米，枝繁叶茂，是一种常绿乔木。在梓柯树的枝条间，长有许多拳头大的球状物，这就是它的自动灭火器，植物学家称之为"节包"。节包上有许多小孔，就像莲蓬头上的小孔，小孔里布满了透明液体。更为神奇的是，这些透明液体里竟含有大量四氯化碳，而人类使用的灭火器其灭火剂大多是由四氯化碳组成的，难怪它能灭火了。

梓柯树为什么会灭火呢？原来，梓柯树枝繁叶茂，在浓密的树杈间藏有一只只像馒头大的节苞，这种节苞上密布网眼小孔，苞里装满透明的液汁。

节苞一旦遇到太阳光或火光照耀，液汁就从网眼小孔里喷射出来。由于液体中含有灭火的物质四氯化碳，火焰碰上它，就很快熄灭了。当地居民用这种树的木材盖房屋，还能防火哩！

猪血木

猪血木是我国特有的单种属植物，分布区域极狭窄，根据过去调查见于广东阳春县八甲乡驳木和羊蹄刚岗附近保育林中有 10 多株，广西平南县思旺乡村北保育林中有 2 株。目前仅羊蹄岗尚残留 2 株，海拔为 50～150 米。其余植株均已砍掉。

猪血木属于常绿大乔木，高 15～25 米，胸径 60～150 厘米；树皮呈灰褐色；芽被短柔毛。叶互生，薄革质，长圆形，长 6～10 厘米，宽 2.2～2.5 厘米，边缘具有细锯齿；侧脉 5～7 对，在近叶缘处弧曲联结，侧脉和网脉在两面均甚明显；叶柄长 5～7 对，在近叶缘处弧曲联结，侧脉和网脉在两面均甚明显；叶柄长 3～5 毫米。花小，两性，白色，两至数朵生于叶腋，花梗长 3～5 毫米；萼片近圆形，长约 2 毫米，边有缘毛；花瓣倒卵形，长约 4 毫米；雄蕊约 2 毫米，花丝细长，花药被丝毛；子房为球形，3 室，每室有多数胚珠，花柱长 2～3 毫米。浆果呈圆球形，肉质，熟时紫黑色。直径 2.5～3 毫米；种子每室 2～4 粒，扁肾形，亮褐色，具有网纹。

猪血木

猪血木为茶科单种属植物，兼具红淡经属和柃属的形态特征。对研究这些类群的亲缘关系以及它在厚皮香亚科中的发展位置等都很有科研价值。木材结构细致，不裂不挠，适于造船及建筑用材。

乔 木

乔木：乔木是指树身高大的树木，由根部发生独立的主干，树干和树冠有明显区分。与低矮的灌木相对应。依其高度而分为伟乔（31米以上）、大乔（21~30米）、中乔（11~20米）、小乔（6~10米）等四级。通常见到的高大树木都是乔木如木棉、松树、玉兰、白桦等。乔木按冬季或旱季落叶与否又分为落叶乔木和常绿乔木。

灌木被子植物

米 兰

米兰是常绿灌木，为楝科米仔兰属植物。主要品种有大叶米兰和小叶米兰两种。大叶米兰每年6~7月开一次花。小叶米兰则常开不绝，香飘不断。米兰树冠优美，枝叶茂密，叶色苍翠，米黄色的花朵从夏至秋，芳香四溢，令人感到神清气爽。人们称赞米兰"芳香浓郁谁能比，迎来远客泡香茶"。

米 兰

小米兰可提取香精，所以它既是观赏植物，又是芳香植物，香精油是制造香水的原料。小叶米兰的花可重制成茶叶，茶叶香浓，鲜花还可以直接食用。

米兰的花、枝、叶均可入药。花药名为米仔兰，有行气解郁、疏风解表、清凉宽中、醒酒止渴之功效。米兰的枝、叶有活血、化痰、消肿、止痛的作用。

夹竹桃

花似桃，叶像竹。一年四季，常青不改。从春到夏到秋，花开花落，此起彼伏。迎着春风、冒着暴雨、顶着烈日，吐艳争芳，在平凡中见伟大，在朴实中饱含坚韧，这便是本篇的主角——夹竹桃。

夹竹桃的祖先在印度、伊朗，它是一种矮小的灌木，主干、枝条上有许多分枝，最小的小枝呈绿色。

夹竹桃的叶长得很有意思。3片叶子组成一个小组，环绕枝条，从同一个地方向外生长。夹竹桃的叶子是长长的披针形，叶的边缘非常光滑，叶子上主脉从叶柄笔直地长到叶尖，众多支脉则从主脉上生出，横向排列得整整齐齐。

夹竹桃的叶上还有一层薄薄的"蜡"。这层蜡替叶保水、保温，使植物能够抵御严寒。所以，夹竹桃不怕寒冷，在冬季，照样绿姿不改。

夹竹桃的花有香气。花集中长在枝条的顶端，它们聚集在一起好似一把张开的伞。夹竹桃花的形状像漏斗，花瓣相互重叠，有红色和白色两种，其中，红色是它自然的色彩，白色是人工长期培育造就的新品种。

夹竹桃的花期很长，从4~12月都能开花、结果，是花卉家族中开花时间最长的一种花。至于夹竹桃的果实，可不像我们想象的那样是个桃形，它是一个与众不同的长柱形。人们喜爱夹竹桃，不仅喜爱它的四季常绿、三季花开，香气连绵，更喜爱它的卓越品质：默默无闻、坚韧不拔。

夹竹桃朴实，但并不好欺。它的叶、花和树皮都有

夹竹桃

剧毒，茎叶可以用来制造杀虫剂。人不能随便采摘它，昆虫更不敢贸然进犯。

此外，夹竹桃对二氧化硫、氯气、氯化氢等有毒气体有较强的抵抗能力，可以栽种到环境污染比较严重的地方，净化、美化人类生存的环境。所以，人们常说：夹竹桃是坚韧的绿色环保战士。

随着人们的物质生活水平不断提高，会有越来越多的人注意用鲜花来美化环境。如果在客厅、书房或卧室里摆上几盆花草，可使环境显得雅致清新。然而，当你陶醉于多姿多彩、芳香扑鼻的鲜花时，可要小心提防鲜花中毒。如果在客厅中放一盆夹竹桃，既可观叶，又可赏花，确实逗人。但夹竹桃的叶、皮和果实中，均含有一种叫夹竹桃苷的剧毒物质，误食数克就会中毒，甚至死亡。

夜来香

夜来香，别名夜兰香、夜香花，为萝科、夜来香属灌木。小枝披短柔毛，分枝柔弱，叶对生，呈卵状长圆形或宽卵形，全缘，基部心形凹陷，叶具有短茸毛，有长柄，质薄，先端有小尖。花簇生，有短柄，生于叶腋，黄绿色，芳香，尤其在夜间。花萼5裂，花冠具有短筒，花期5~9月，果狭圆状锥形，渐尖，长7~8厘米。

夜来香

该花木原产亚洲热带，我国南方各省区有栽培，喜温暖湿润和阳光充足的环境，喜肥沃的土壤，忌积水。适宜栽于庭院内和盆栽，其花既可欣赏，又香味扑鼻，还可供食用和药用。

这种花真如其名，晚上开花，香气袭人，然而它花开之时散发出强烈刺激嗅觉的气味，如闻之过久，会使高血压和心脏病患者感到头昏郁闷不适，甚至气喘、失眠。

茉 莉

茉莉为常绿小灌木，属木犀科植物，花白色，每年 5～10 月开花，芳香清雅，浓郁持久，深受人们喜爱，号称"天下第一香"。

茉莉原产印度、阿拉伯一带，中心产区在波斯湾附近，现广泛植栽于亚热带地区，主要分布在伊朗、埃及、土耳其、摩洛哥、阿尔及利亚、突尼斯，

茉 莉

以及西班牙、法国、意大利等地中海沿岸国家，印度以及东南亚各国均有栽培。希腊首都雅典称为茉莉花城。菲律宾、印度尼西亚、巴基斯坦、巴拉圭、突尼斯和泰国等把茉莉和同宗姐妹毛茉莉、大花茉莉等列为国花。美国的南卡罗来纳州将茉莉定为州花。花季，菲律宾到处可见洁白的茉莉花海，使整个菲律宾都散发着浓浓的花香。

茉莉花在 1600 多年前传入我国，现在全世界约有 40 个品种，我国有 27 个品种，常见的有木本茉莉、蔓性茉莉、宝珠茉莉、金茉莉等。茉莉花已成为我国八大名花之一。现在用茉莉花提取茉莉花香油，比黄金还贵。它是世界有名的芳香植物。用茉莉花香油制造的各种香水，闻名世界，如法国的茉莉香水、西班牙的茉莉香水、阿拉伯国家制造的茉莉花香水都是名牌产品。

蔷 薇

蔷薇花又名白残花，为蔷薇科落叶小灌木野蔷薇的花朵，自古就是佳花名卉。蔷薇喜生于路旁、田边或丘陵地的灌木丛中，分布于华东、中南等地。于 5～6 月间，当花盛开时，择晴天采收，晒干作药用。

蔷薇花，花色很多，有白色、浅红色、深桃红色、黄色等，花香诱人。

蔷薇

明代顾磷曾经赋诗："百丈蔷薇枝，缭绕成洞房。蜜叶翠帷重，浓花红锦张。张着玉局棋，遣此朱夏长。香云落衣袂，一月留余香。"诗中描绘出一幅青烟缭绕、姹紫嫣红的画面。

蔷薇花为蔷薇科植物多花蔷薇的花朵。分布于山东、河南、江苏、安徽、新疆等地。

食用蔷薇花主要有有清暑化湿、顺气和胃、止血的功效。常用于治疗暑热胸闷、口渴、呕吐、不思饮食、口疮、口噤、腹泻、痢疾、吐血及外伤出血等。

栀子树

栀子树为常绿灌木，又名黄栀子、金栀子、银栀子、山栀花。茜草科，四季常绿灌木，木本花卉。高1余米，叶对生或3叶轮生，有短柄，叶片革质，倒卵形或矩圆状倒卵形，顶端渐尖，稍钝头，表面有光泽，仅下面脉腋内簇生短毛，托叶鞘状。花大，白色，芳香，有短梗，单生枝顶。花期较长，从5~6月连续开花。

栀子性喜温暖湿润气候，好阳光但又不能经受强烈阳光照射，适宜生长在疏松、肥沃、排水良好、轻黏性酸性土壤中，是典型的酸性花卉。常见的栽培品种有：大花栀子，花大，叶大；卵叶栀子，叶倒卵形，尖端圆；狭叶栀子，叶呈披针形；黄斑栀子，叶有斑纹，叶绿黄色。栀子

栀子花

花喜欢温暖湿润的气候，阳光充足的环境，肥厚带酸性的土壤。用扦插、压条、分株播种法繁殖均可。

栀子花是我国传统的八大香花之一，在汉代已为我国名花。因其花蕊金黄、花冠似古时盛酒的器具"卮"，而被称为卮子花，后又称栀子花。每当春末夏初，一丛碧油翠绿的栀子枝条上缀满了硕大洁白如玉的花朵，其香醇馥郁，随风远溢，沁人心脾，让人沉醉。栀子花的单瓣品种花有六瓣，被称为六出花。《酉阳杂俎》称，"诸花少六出者，唯栀子花六出。"人们联想到雪花也是六出，而瑞雪兆丰年，故又称栀子花为香雪、夏雪。栀子花植株挺秀，枝干苍劲，种于水边池畔、临池横枝，则更加优美怡人。宋代陆游称它为"清分六出水栀子"。

栀子花对二氧化硫、氟化氢等有害气体有较强的抗性，并可吸收空气中的硫，是净化环境的最佳花木之一。

枸 杞

枸杞自古就被誉为生命之树，早在4000多年前的殷商文化中，就已经有了关于枸杞的记载，自古至今，枸杞在我国的传统医学中都具有十分重要的地位，其药用价值备受历代医学家的推崇，被人们视为能够强身健体、益寿延年的十全十美的滋补极品、神品。

古人认为常食枸杞可"留住青春美色"、"与天地齐寿"，因此，枸杞花被称为"长生花"，枝条被称为"仙人杖"、"西王母杖"。秦始皇曾为了长生不老，费尽心机寻求

枸 杞

长生之药，宫中被视为三大处方秘药——返老还童丸、七宝美髯丹、延龄固本丸，其中都有枸杞的成分。

枸杞属茄科多年生落叶灌小，株高约2米，多分枝，枝细长，拱形，有条棱，常有刺；单叶互生或簇生，卵状披针形或卵状椭圆形，全缘，先端尖锐或带钝形，表面呈淡绿色；花单生或簇生于叶腋，紫色，漏斗状，花冠5裂，裂片长于筒部，有缘毛，花萼3~5裂；浆果卵形，呈艳丽的红色，即枸杞子。

枸杞在我国各地均有野生，甘肃、宁夏、青海、陕西、河北、广东等地栽培较多。其嫩茎、叶可作蔬菜。中医学上以果实（枸杞子）、根皮（地骨皮）入药。枸杞子性平、味甘，有补肾益精、养肝明目的功效，而且还是中医学上常用的防治癌症的药材。地骨皮则有清虚热、凉血的功效，对虚劳发热、盗汗、咯血等病症有良好的疗效。

无花果

无花果别名蜜果，为桑科榕属落叶灌木或小乔木。原产阿拉伯南部，后传入叙利亚、土耳其等地，目前地中海沿岸诸国栽培最盛。

无花果是人类最早栽培的果树之一，从公元前3000年左右至今已有约5000年的栽培历史。相传古罗马时代曾有一株神圣的无花果树，因为曾庇护

无花果

古罗马创立者罗慕路斯王子，躲过了凶残的妖婆和啄木鸟的追赶，而被命名为"守护之神"。在地中海沿岸的一些国家，无花果被称为"圣果"，用作祭祀果品。无花果大约在唐代传入我国，至今约右1300年。目前除东北、西藏和青海外，其他地区均有无花果分布。

在我国南方，无花果作为果

树栽培，株高可达 4~9 米；而在北方只可盆栽观赏，植株通常比较低矮，高度仅有 15 厘米左右。无花果树的树皮呈暗褐色，皮孔明显，小枝粗壮光洁，节部明显，茎内含有乳汁，因为无花果树根部压力很大，所以一旦树干上出现伤口，这些乳汁就会从伤口处流出。无花果树叶面积很大，厚纸质，呈掌状，3~5 裂，叶面粗糙，背面生有柔软毛状物。

无花果名字是由于古人的粗心错误而得名。因为古人只看到了无花果结出果实，但是在此之前却从未看见其开花授粉。其实无花果并不是无花就结果，花和果实同是植物有性繁殖的器官，缺一不可，"花而不实"或"实而不花"的情况是不会发生的，能够结实的无花果树自然是有花的。

如果我们在无花果发芽长叶后，仔细观察，就能发现在无花果树的叶腋处刚长出小无花果时，摘下一个来就可以看见，在这个小果的顶端有一个小疤痕，细看之下还能发现一个小孔。将这个果子切成两瓣，就能见到在它里面长着很多小花，并且还是两种样子，上部的为雄花，下部的为雌花，而早在这小小的果实形成之前，从叶腋处伸出的花托内部，雄花就已经向雌花传递了花粉，完成了授精的过程。因为整个过程都是在花托中进行，不易被人们观察到，便将无花果讹传成是一种无花而结果的植物了。像无花果这种雌雄花都生长在一个总状花托里的花序，我们称之为隐头花序。

无花果的果实由总花托及其他花器组成，呈扁圆形或卵形，成熟后顶部开裂，黄白色或紫褐色，肉质柔软，味甜，可以鲜食，也可制成果干、蜜饯、果酱等。中医学上还可用果皮入药，有开胃止泻的功效。

睡莲科植物

荷 花

荷花，属睡莲科多年生水生草本花卉。地下茎长而肥厚，有长节，叶盾圆形。花期 6~9 月，单生于花梗顶端，花瓣多数，嵌生在花托穴内，有红、粉红、白、紫等色，或有彩文、镶边。坚果椭圆形，种子卵形。荷花种类很多，分观赏和食用两大类。原产亚洲热带和温带地区，我国栽培历史久远，

荷 花

早在周朝就有栽培记载，性喜温暖多湿。荷花花大叶丽，清香远溢，出污泥而不染，深为人们所喜爱，是园林中非常重要的水面绿化植物。

荷花是我国十大名花之一，其色、香、姿、韵极佳，有"水中芙蓉"、"花中君子"之美誉。有很高的观赏价值。

我国有一百五十多个荷花品种，通常分为藕用、子用和观赏用三大类。藕用和子用的荷常种植在湖沼、泽地、池塘、稻田等处相对稳定、平静的浅水中，水深一般为 0.3～1 米。观赏荷用口大身矮的缸栽种。用藕（地下茎）或莲子播种。

荷花先叶后花，花叶同出，并且一面开花，一面结果，蕾、花、莲蓬并存，与硕大的绿叶交相辉映，尤其是雨后斜阳，花苞湿润晶莹，绿叶随风摇曳，水珠在绿叶上滚动，如珍珠般折射出太阳光的七彩，光艳夺目，更加美艳绝伦。夏日炎炎，人们看见荷花，闻到那特有的清香，就有暑气顿消、神清气爽之感。宋朝理学大儒周敦颐著《爱莲说》称荷花"出淤泥而不染，濯清涟而不妖，中通外直，不蔓不枝，香远益清，亭亭净植"，使荷花享有"花中君子"的美誉。

荷花全身皆宝，藕和莲子能食用；莲子、根茎、藕节、荷叶、花及种子的胚芽等都可入药，可治多种疾病。

睡 莲

睡莲为多年生宿根水生草本植物，属睡莲科。睡莲是花、叶俱美的观赏植物。古希腊、罗马最初敬为女神供奉，16 世纪意大利的公园多用来装饰喷

睡　莲

泉池或点缀厅堂外景。现欧美园林中选用睡莲作水景主题材料极为普遍。我国在 2000 年前汉代私家园林中，已有应用，如博陆侯霍光园中的五色睡莲池。睡莲的根能吸收水中的铅、汞及苯酚等有毒物质，还能过滤水中的微生物，故有良好的净化污水作用。根茎富含淀粉，可食用或酿酒。全草宜作绿肥，又可入药。

睡莲的叶柄长，圆形的叶片浮生于水面，绿色，有光泽。花朵浮出水面，其花瓣为厚肉质，披针形，花朵有淡淡的香气。花朵朝开暮合，一朵花持续开闭长达 10 天左右。炎炎夏日，在骄阳的照射下，睡莲花生长于水中，宁静而安详，远离城市喧嚣，好似一位纤尘不染的优雅少女，睡卧在碧水之上，神态纯真大方，所以有"水中皇后"的美誉。

埃及、泰国、斯里兰卡都用睡莲作为国花。在古埃及的壁画上，可以发现画中几乎所有的女性，手中都持有美丽的睡莲花。相传在古埃及的古老传统中，高雅的贵族女子在赴宴会和聚会时，将睡莲戴在胸前，闻着睡莲所散发出的幽香，体会着幸福的感觉。

近年来，观赏和喜爱睡莲的人越来越多了，它那粗壮挺直的花茎上着生着优雅迷人的花朵，有的花朵还半开半睡，使人沉醉。

睡莲有"水中皇后"的美誉

鸡冠花

鸡冠花巍峨直立，高冠突兀

鸡冠花为一年生草本植物，属苋科。花序酷似鸡冠的鸡冠花，不但是夏秋季节一种妍丽可爱的常见花卉，还可制成良药和佳肴，且有良好的强身健体功效。同时能抗二氧化硫、氯化氢等有害气体，具有美化和净化环境的双重作用。作为一种美食，鸡冠花则营养全面，风味独特，堪称食苑中的一朵奇葩。形形色色的鸡冠花美食如花玉鸡、红油鸡冠花、鸡冠花蒸肉、鸡冠花豆糕、鸡冠花籽糍粑等，各具特色，又都鲜美可口，令人回味。

鸡冠花是一种适应性很强的大众花卉，全世界都有广泛栽种。鸡冠花虽然原产印度等地，但我国唐代就有种植此花的记载。鸡冠花巍峨直立，高冠突兀，气势轩昂，俨然昂首欲啼的报晓雄鸡。因其花色艳丽、花姿绰约、开花期长、自播力强，一次播种，年年开花，更有一种繁英竞研、豁达洒脱、催人奋进的精神。唐代罗邺称赞它："一枝浓艳对秋光，露滴风摇倚砌旁。晓景乍看何处似？谢家新染紫罗裳。"

杜鹃花

杜鹃花，群众又叫映山红，泛指各种红色的杜鹃花，形容它那如火如荼的鲜红的光彩把山都映红了。其实杜鹃花哪止红色，现今植物分类学上仅把"映山红"作为其中一个种类（包括许多栽培品种）。杜鹃花自然分布于北半球温带及亚热带，全球八百余种，我国就有六百多种，云南一省有近三百种之多。无疑，中国是杜鹃花的原生地，而云南又是其分布中心。

杜鹃花

在我国西南地区的横断山脉中，当杜鹃花盛开的季节，漫山遍地一片红，故杜鹃花又叫做"映山红"。那里被誉为是"世界杜鹃花的天然花园"和"杜鹃花王国"。由于杜鹃花对土壤有严格的选择性，所以它成为酸性土壤的指示植物。有些杜鹃花科植物如羊踯躅是有名的药材。

杜鹃花是世界著名的花卉，唐朝诗人白居易赞美杜鹃花"花中此物是西施"，人间美女是西施，花中美花是杜鹃。中国是杜鹃花的发祥地和世界最大的分布中心，资源异常丰富。有匍匐生长在石岩上的紫背杜鹃，也有高达 25 米的大树杜鹃。杜鹃花有红、粉、白、黄、紫等颜色。每当仲春时节，祖国的大江南北，长城内外，杜鹃怒放，万紫千红，缤纷灿烂，美不胜收。有位外国朋友登上大理苍山，看到漫山遍野的杜鹃花，热泪盈眶地惊呼道："上帝，这就是我要寻找的天堂!"

正因为杜鹃花在园林上的重要价值，我国品种丰富的杜鹃花资源早就为西洋各国所觊觎。早在 19 世纪初，他们曾不惜巨资多次派人前来云南采集标本、种子，现今英国皇家植物园夸耀丁世的几百种杜鹃花系多自云南采集培育，早已蔚然成林，花蕾盛开之际，英伦仕女，往来如梭，流连忘返。

由于杜鹃花在山林中生长繁衍，使整个山林绚丽夺

杜鹃花被称为山林的美容师

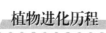
目，故人们称它为山林的美容师。

1919 年，英国采集家傅利斯在云南腾冲高黎贡山西坡，意外地发现了他从未见过的"杜鹃巨人"——大树杜鹃。贪婪之心，驱使他雇来苦力，横着心，举起斧，硬将这一株高达 25 米、胸径达 87 厘米、树龄达 280 年的大树杜鹃砍倒，捞了一个圆盘状的木材标本回去，至今仍陈列在伦敦的大英博物馆里。但在 63 年之后的 1981 年 2 月，科学家又在原址，找到了这世界已知的最高最大的杜鹃花王。后经腾冲县林业局进一步调查，现有胸径在 1 米以上的大树杜鹃尚有 12 株，其中最大的 1 株高 25 米，其径粗达 3.07 米，树龄在 500 年以上。大树杜鹃的花序是一个十分秀美的花团，水红色，每花序由 20 至 24 朵长 6~8 厘米、口径 6 厘米的钟形花朵组成，花序直径达 25 厘米。

杜鹃花的顶成伞形花絮

杜鹃花多为高一两米的灌木和小乔木，亦有高仅几厘米、匍匐于岩石地面的匐行杜鹃、紫背杜鹃，也有高达数丈、繁花万朵的大树杜鹃、巨魁杜鹃。杜鹃花的顶成伞形花絮，由数朵钟状或漏斗状的花朵组成，宛如有一个饱满的绣球。叶片多为革质。大如枇杷，小似指甲，尚有一种吐尖杜鹃，叶片竟长达 70 多厘米，宽 20 多厘米；果为蒴果，种子细如尘埃，播种须精心管理，方能出土成苗。

杜鹃花在云南生长于海拔 800~4500 米的高山、中山、低丘和田野，以滇西部高山种类最为丰富。尤其是高山冷湿地带。多种常绿杜鹃如黄杯杜鹃、白雪杜鹃、团花杜鹃、宽钟杜鹃等各色杜鹃花，常成密集的杜鹃花灌丛和纯林，竟有连绵一二十公里尽为杜鹃花"花海"的奇观。杜鹃花的花期依气候差异而不同，低山暖热地带多在 2～3 月开放，中山温凉地带多在 4～6 月开放，高山冷凉地带多在 7～8 月开放。因其种类繁多，分布广泛，生态环境又复杂多样，杜鹃花的体态风姿也是多种多样：有的枝叶扶疏，有的千枝百干；有的郁郁葱葱，俊秀挺拔，有的曲若虬龙，苍劲古雅。其花色更是五光十色，多姿多彩：殷红似火、金光灿灿、晶蓝如宝，或带斑带点，或带条带块，粉红的、洋红的、橙黄色的、淡紫色的、黄中带红的、红中带白的、白中带绿的，真是千变万化，无奇不有。有的浓妆艳服，有的淡着缟素，有的丹唇皓齿，有的芬芳沁人，真的各具风姿，仪态万千。

郁金香

郁金香原产中亚及周围地区，即我国"天山上的红花"。在花卉的天地里，郁金香堪称为大名鼎鼎的洋花。它的确切起源已难于考证。但现时多认为源自锡兰及地中海偏西南方向，至 1863 年传至荷兰。热爱奇花异卉的荷兰人一下子把郁金香捧上了天。他们对它那种美妙的酒杯形花朵竟如痴如醉。

郁金香的名字来自于波斯文的"dulband"或英文"turban"。"turban"意指"穆斯林的头巾"。之所以这么起名字是因为它们的球状花骨朵看起来像是穆斯林教徒戴的头巾。郁金香最初产自地中海，1554 年从土耳其引入欧洲，从此马上风行起来，到了 17世纪成了荷兰疯狂金融投机商们竞相追逐的目标。1637 年，荷兰

郁金香

的郁金香市场崩溃了，最后政府介入阻止了进一步的投机。在疯狂投机时期，金融市场上的郁金香数量超出了实际种植的数量。而今，郁金香已普遍地在世界各个角落种植，它代表着优美和雅致。

郁金香属于百合科多年生草本植物。经过园艺家长期的杂交栽培，目前

郁金香属于百合科多年生草本植物

全世界已拥有八千多个品种。它色彩艳丽，变化多端，以红、黄、紫色最受人们欢迎。但开黑色花的郁金香，却被视为稀世奇珍。19世纪，法国作家大仲马所写的传奇小说《黑郁金香》，赞美这种花"艳丽得叫人睁不开眼睛，完美得让人透不过气来"。其实，纯黑的花是没有的。黑郁金香所开的黑花，并不是真正的黑色，它有如黑玫瑰一样，倒是红到发紫的暗紫色罢了。这些黑花大都是通过人工杂交培育出来的杂种。诸如荷兰所产的"黛颜寡妇"、"绝代佳丽"、"黑人皇后"等品种所开的花都不是纯黑的。据国外报道，现在，有一种真正黑色的品种，开始问世。但香港花界人士说眼下尚在寻寻觅觅、祈祈盼盼之中。可惜我国的民情不喜欢用黑花过年，故再新再奇也不易使人解开腰包。在国外因洋人喜插切花，而郁金香的花柄长达四五十厘米，我国大多用作盆花，那就显得花高叶矮，有点儿像跳芭蕾舞的味儿了。如果能加以矮化处理，恐怕会更加秀丽。

郁金香因喜欢在冷凉的气候生长，花期又只有10天左右，除了北方之外，岭南各地难以繁殖种头，每年总得依靠进口。按照它的习性要经历一段冷藏的刺激才能诱发花芽分化。

香蕉与芭蕉

香蕉属芭蕉科多年生草本植物，性喜温暖。茎直立，由粗厚、覆瓦状排列的叶鞘包叠而成，通称"假干"。叶聚生于假干顶部，老叶向四周张开，呈伞状。穗状花序，花单性，花束基部为雌花，其上为中性花，顶部为雄花，花色因品种而异。香蕉的果实呈长柱形，弯曲成月牙状、果柄短，果皮上有5~6个棱，肉质，未成熟时为青绿色，成熟时为黄色，并带有褐色斑点，横断面近圆形，果肉香甜可口，是常见的美味水果。

芭蕉原产于日本琉球群岛和中国台湾，为多年生草本植物，具有匍匐茎，假茎呈绿色或黄绿色，高可达6米，略被白粉。芭蕉的叶片呈长圆形，长可达3米，顶端钝圆，基部圆形，不对称；中脉粗大，侧脉多且平行；叶柄长，叶翼散张。穗状花序下垂，苞片呈红褐色或紫色。果实肉质，黄色，成熟后无斑点，横断面为扁圆形，内有种子多枚，味道略酸，远不如香蕉香甜味美。

芭蕉科是单子叶植物纲姜亚纲的一科，芭蕉科植物分3属60余种，主要分

香　蕉

布于亚洲及非洲热带地区。中国有3属12种，除芭蕉可北达秦岭、淮河露地栽培外，其余各种均产于西南至东南及台湾的热带及亚热带地区。其中的芭蕉属植物多数为常绿大型多年生植物。茎可高达3~4米且不分枝。芭蕉属植物的叶子巨大，长可达3米，宽约0.4米，呈长椭圆形，有粗大的主脉，两侧具有平行脉，叶表面呈浅绿色，叶背呈粉白色。花通常为单性，少数为两性。花序直立，整个花序下垂或半下垂。雄花着生于上部的苞片内，雌花则着生于下部的苞片内。果实多为肉质浆果。

芭　蕉

芭蕉科植物中经济价值最大的是栽培的香蕉及芭蕉，香蕉及芭蕉果实可做果品，或制成芭蕉干或粉作为食物及用以提制酒精。芭蕉的匍匐茎、香蕉的假干茎及果皮可作为饲料，雄花可作蔬菜，芭蕉的茎皮纤维可作麻，并可织布。

茄科植物

番 茄

番茄，从它名字中的"番"字我们就能看出：它是个"外来的和尚"！事实上，也确实如此。番茄原产于南美洲，直到明朝时才传入我国。由于番茄的外形很像柿子，所以也被称为"番柿"，还有个俗称——西红柿，其实，番茄属于茄科，而柿子属于柿科，二者间并无亲缘关系。

番茄花

番茄最早生长在南美洲，当地人给它起名为"狼桃"，以表示这种植物的可怕。原来，番茄的果实在未成熟、外表还呈青色的时候含有一种称为龙葵碱的生物碱甙，这种化学物质进入人体后能够被胃酸溶解，对胃肠黏膜有较强的刺激作用，对中枢神经有麻痹作用，会引起呕吐、头晕、流涎等症状，严重者还会出现中毒症状。这种物质直到果实变红才会消失。

16世纪，随着航海技术的发展，欧洲无数探险家开始了自己的发现之旅，有个叫俄罗达里的英国公爵，也加入了被误认为是今日印度的美洲探险的活动中。在美洲，俄罗达里公爵发现了番茄，鲜红的果子，嫩绿的叶子，这让见多识广的公爵着实感到新奇。为了表达对伊丽莎白女王的敬意，公爵将这种植物万里迢迢带回了不列颠。

公爵虽然将番茄带入了欧洲，却也牢记了土著朋友们对这种植物的恐惧。因此，在很长一段时间里，番茄还只是作为一种观赏植物。18 世纪，一位法国画家在写生时，见番茄的浆果美艳动人，于是"冒险"吃了一颗，食后不但没有任何不适，反觉甜酸可口。从此，番茄才被用作食品。

番茄的果实

番茄属茄科一年生草本植物，植株分为有限生长和无限生长两种类型。植株外表生满了具有黏性的短小软毛，有强烈气味；叶为羽状深裂；总状或聚伞花腋外生，有花 3~7 枚，黄色，花萼及花冠各 5~7 裂，雄蕊 5~7 枚，花药合生成长圆锥状；番茄的果实为浆果，呈扁圆、圆或樱桃状，红色、黄色或粉红色。种子扁平，有毛茸，灰黄色。

番茄的果实中含有丰富的维生素、矿物质、碳水化合物及少量的蛋白质，有促进消化、利尿、抑制多种细菌、保护血管、推迟细胞衰老、增加人体抗癌能力、促进骨骼钙化等作用。番茄不仅可作水果生食，还可作为蔬菜烹食，亦可制成罐头食品或番茄酱等调味料。

辣　椒

除了番茄之外，茄科还有一种我们熟知的植物——辣椒。

辣椒原产自南美洲的热带地区。一直到 15 世纪末，在哥伦布发现美洲之后，辣椒才被带回欧洲，并由此传播到世界其他地方。而辣椒被四川人称为海椒，也正说明它是从海外传入的。据史学家考证，明代李时珍《本草纲目》中尚且没有辣椒的记载。辣椒在明末才从美洲传入中国，名曰"番椒"，在最初只是被作为观赏作物。据明朝《草花谱》记载，最初吃辣椒的中国人都在长江下游，即所谓"下江人"。下江人尝试辣椒之时，四川人尚不知辣椒为何

物。有趣的是，辣椒在中国最先见于江浙、两广，但却没有在那些地方被充分利用，反而是在长江上游、西南地区兴盛起来。到了清代嘉庆以后，黔、湘、川、赣几省已经"种以为蔬"，"无椒芥不下箸也，汤则多有之。"

辣椒，又叫番椒、海椒、辣子、辣角、秦椒等，是茄科辣椒属的一年生草本植物，在热带则是多年生的灌木。辣椒的叶片呈卵圆形，无缺刻，单叶互生。花单生或簇生，呈白色或淡紫色，花萼杯状。辣椒的果实为浆果，通常呈圆锥形或长圆形，有朝天或向下之分；辣椒果未成熟时呈绿色，成熟后变成红色或橙黄色，也有彩色的品种，会呈现出紫色、褐色等，味辛辣或极辣。辣椒的种子藏于辣椒果实中，形状多数为肾形，颜色为淡黄色。

辣 椒

人们通常将辣椒的味道称为"辣味"，而且有不少人对这种"辣味"无比喜爱。事实上，我们舌头的味蕾并没有感受辣的区域，辣椒的辣其实是辣椒中的辣椒素刺激人的神经末梢产生的一种痛觉，既然是痛觉，那为什么喜食辣椒的人，在被辣椒辣得嘴巴发烧、泪汗直流时，还要继续大口地食用这种带来强烈痛觉的植物呢？曾有一种心理学的解释是，这与脑部对辣椒的反应有关——当身体受到辣椒"侵袭"而感到痛苦时，以为身体受了伤的脑部就会迅速释放内啡肽，内啡肽是一种天然止痛剂，能够缓解身体的痛苦，会使人感到轻松兴奋，产生陕感。这大概就是人们对辣椒欲拒还迎的原因吧。

辣椒中维生素 C 的含量在蔬菜中居第一位，此外，辣椒中还含有丰富的β–胡萝卜素、叶酸、镁及钾等人体必需的化学物质。辣椒中的辣椒素还具有抗炎症及抗氧化作用，有助于降低心脏病、某些肿瘤及其他一些随年龄增长

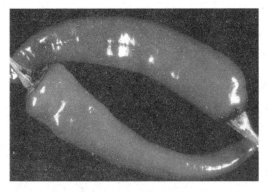

辣椒中维生素 C 的含量在蔬菜中居第一位

而出现的慢性病的风险。经研究发现，辣椒可增加人体的能量消耗，有减肥功效。以前人们认为，经常吃辣椒会刺激胃酸的分泌，甚至引起胃溃疡。但事实刚好相反，辣椒素会抑制胃酸的分泌，刺激碱性黏液的分泌，有助于预防和治疗胃溃疡。只是在胃溃疡已经发生的情况下再进食辣椒才会因伤口受到刺激而加重病情。

曼陀罗

传说中，有一种黑色的曼陀罗，每一株黑曼陀罗花中都住着一个精灵，每一个精灵都可以帮你实现心中的愿望！但这同时也是一场交易，条件是鲜血！只有用自己的鲜血去浇灌那黑色妖娆的曼陀罗花，花中的精灵才能实现你心中的愿望！因为这妖娆的花儿们热爱这热烈而又致命的感觉！

传说终究是传说，其实这传说的起源就在于这花含有剧毒，会对人产生绝对致命的伤害。并会对人产生幻觉的效果。我国古代诸多文学作品中常常提及的蒙汗药就是以这种植物制成的，三国时期著名的医学家华佗发明的麻沸散的主要有效成分就是曼陀罗。埃及人宴客时，也常会把曼陀罗花果拿给客人闻，因为曼陀罗花果富有迷幻药的特性，可以让客人有欣快感。雨果在他的名著

曼陀罗

《笑面人》当中也曾描述了狂人医生苏斯使用曼陀罗花的过程，"他熟悉曼陀罗花的性能和各种妙处，谁都知道这种草有阴阳两性。"可见，曼陀罗的阴性力量总是四处不乏知音。

曼陀罗原产于热带及亚热带地区，我国各省均有分布。在我国，曼陀罗又叫风茄儿、疯茄花、洋金花、野麻子、醉心花、狗核桃、万桃花、闹羊花等。属茄科曼陀罗属，一年生草本植物。

曼陀罗的茎粗壮直立，上部常呈二叉状分枝，株高50～150厘米，全株光滑无毛，有时幼叶上有疏毛；单叶互生，叶片呈卵圆形，边缘具有不规则的波状浅裂或疏齿，具有长柄，脉上生有疏短柔毛；夏秋季节开花，花两性，单生于叶腋或枝杈处，花萼5齿裂筒状，花冠呈漏斗状，白色至紫色，在其原产地尚有绿、紫、红、蓝及重瓣等多品种；蒴果直立，表面有硬刺，卵圆形，成熟时四瓣裂；种子稍扁肾形，黑褐色。

曼陀罗花全株有剧毒

曼陀罗花全株有剧毒，以花、果实特别是种子毒性最大，嫩叶次之，干叶的毒性比鲜叶小。其主要成分为莨菪碱和阿托品等，具有兴奋中枢神经系统、阻断M—胆碱反应系统、对抗和麻痹副交感神经的作用。中毒的主要临床表现为口、咽喉发干、吞咽困难、声音嘶哑、脉快、瞳孔散大、谵语幻觉、抽搐等，严重者进一步发生昏迷及呼吸困难、脏器衰竭等导致死亡。

但是，曼陀罗的叶、花、种子均可入药。以花入药，名为"风茄花"、"洋金花"，临床上应用的洋金花主要为白曼陀罗的花，味辛、性温，有平喘、止痛的功能，主治咳逆气喘、胃痛等；以紫曼陀罗的种子入药，名为"风茄子"，外用，主治风湿痹痛等。

曼陀罗花像精灵般突兀地立在医药和毒药的交叉点上，它过分妖冶的花色吸引着人们的眼球，让人们不由自主地去追捧它，使得我们很难分辨其中的掌声——哪些是针对它独特的药性，哪些又是由于拜倒于它充满媚惑的威力之下而发出的赞叹。

薄 荷

薄荷是我们日常生活中经常能够遇到的一种植物，它们通常是以食品添加剂以及香水、化妆品的辅助成分在人类世界中发挥着巨大作用。

薄荷的使用历史已经超过了 2000 年，据记载，古罗马人在出席宴席时经常会头戴一个由薄荷叶编成的头冠，这样的头冠在罗马人看来具有解毒和杀菌的功效。此外，罗马人还会将薄荷的提取物掺入酒中饮用。

不过，罗马人并非是最早使用薄荷的民族，在此之前的 1000 年，希伯

薄 荷

来人就已经开始利用薄荷制作香水。希伯来人深信薄荷有催情的作用，以薄荷制成的香料一定会引起异性的注意。在希腊传说中就有一个与薄荷有关的神话故事：传说冥王哈迪斯（Hades）爱上了美丽的精灵曼莎（Menthe），哈迪斯的太太佩瑟芬妮知道后，十分懊恼，为了使冥王忘记曼莎，她将曼莎变成了一株不起眼的小草，长在路边任人踩踏。可是内心坚强善良的曼莎变成小草后，身上却拥有了一股清凉迷人的芬芳，越是被摧折踩踏就越浓烈，得到了越来越多的人喜爱，人们把这种草叫薄荷（Mentha）。人们闻到薄荷清新

无比的香气，便会想到那段刻骨铭心的爱情。直至今日，在希腊人的婚礼上，年轻的新娘还会用薄荷和马鞭草来编织头饰，以期有个终身难忘得美好回忆。

薄荷属唇形科多年生草本植物，株高 10 ~ 80 厘米，全株有异香。薄荷的茎有直立茎和匍匐茎两种，茎的截面为方形，具有分枝，茎上生有倒生柔毛；叶对生，叶形多为披针形、卵形或长圆形，叶的先端锐尖或渐尖，边缘有细锯齿，叶的两面都稀疏长有短小的柔毛，这些分布于茎、叶的柔毛下都有腺体，而薄荷本身特殊的香味就是这些腺体分泌出的高挥发性化学物质散发出来的；薄荷一般在 8 ~ 10 月开花，唇形花轮生于叶腋，花萼外部覆盖着软毛和腺鳞，花冠青紫色、淡红色或白色，花冠通常开裂为 4 瓣，其中居于上方的两片较大。

薄荷属唇形科多年生草本植物

在我们食用薄荷制品，尤其是一些烈性品类时，常会感到有股猛烈的凉意，这是由于其中的薄荷油能刺激神经末梢的冷感受器所致。根据这种特性，内服薄荷油制成的药品可以刺激中枢神经系统，使皮肤毛细血管扩张，促进汗腺分泌，从而起到发汗解热作用；薄荷油还可以抑制胃肠平滑肌收缩，是治疗肠胃痉挛的理想药物；促进呼吸道腺体分泌，对呼吸道炎症有治疗作用。但是，由于薄荷油对哺乳动物神经系统具有极强的麻痹作用，若过量服用会导致呼吸麻痹而死亡，因此，一定要注意使用剂量。此外，薄荷煎剂对疱疹病毒、森林病毒、流行性腮腺炎病毒有抑制作用，同时还对导致人体多种炎症发生的葡萄球菌、链球菌、肠炎球菌、杆菌等烈性致病菌都有一定的抑制作用。

灌　木

灌木：灌木是指那些没有明显的主干、呈丛生状态的树木，植株一般比较矮小，不会超过6米，从近地面的地方就开始丛生出横生的枝干。都是多年生。一般为阔叶植物，也有一些针叶植物是灌木，如刺柏。如果越冬时地面部分枯死，但根部仍然存活，第二年继续萌生新枝，则称为"半灌木"。如一些蒿类植物，也是多年生木本植物，但冬季枯死。